基础物理实验

主　编　樊爱琼　陆文捷

副主编　黎　旦　陆映红　潘洪媚

北京理工大学出版社

BEIJING INSTITUTE OF TECHNOLOGY PRESS

图书在版编目（CIP）数据

基础物理实验 / 樊爱琼，陆文捷主编 . —北京：北京理工大学出版社，2015.8
（2023.8 重印）

ISBN 978－7－5682－1084－3

Ⅰ . ①基…　　Ⅱ . ①樊…　②陆…　　Ⅲ . ①物理学-实验-高等学校-教材　　Ⅳ . ①O4－33

中国版本图书馆 CIP 数据核字（2015）第 195134 号

出版发行 / 北京理工大学出版社有限责任公司

社　　　址 / 北京市海淀区中关村南大街 5 号

邮　　　编 / 100081

电　　　话 / （010）68914775（总编室）

　　　　　　（010）82562903（教材售后服务热线）

　　　　　　（010）68948351（其他图书服务热线）

网　　　址 / http：//www. bitpress. com. cn

经　　　销 / 全国各地新华书店

印　　　刷 / 廊坊市印艺阁数字科技有限公司

开　　　本 / 787 毫米×1092 毫米　1/16

印　　　张 / 9.75　　　　　　　　　　　　　　责任编辑 / 张慧峰

字　　　数 / 226 千字　　　　　　　　　　　　文案编辑 / 张慧峰

版　　　次 / 2015 年 8 月第 1 版　2023 年 8 月第 7 次印刷　　责任校对 / 周瑞红

定　　　价 / 26.50 元　　　　　　　　　　　　责任印制 / 施胜娟

广西民族大学预科教育学院
预科教材编审指导委员会

序　言

　　普通高校少数民族预科教育是指对参加高考统一招生考试、适当降分录取的各少数民族学生实施的适应性教育，是为少数民族地区培养急需的各类人才而在高校设立的向本科教育过渡的特殊教育阶段；它是为加快民族高等教育的改革与发展，使之适应少数民族地区经济社会发展需要而采取的特殊有效的措施，是有中国特色社会主义高等教育体系的重要组成部分，是高等教育的特殊层次，也是我国民族高等教育的鲜明特色之一，其对加强民族团结、维护祖国统一、促进各民族的共同团结奋斗和共同繁荣发展具有重大的战略意义。

　　为了贯彻落实"为少数民族地区服务，为少数民族服务"的民族预科办学宗旨，建设好广西少数民族预科教育基地，适应普通高等学校少数民族预科教学的需要，近年来，广西民族大学预科教育学院在实施教学质量工程以及不断深化教育教学改革中，结合少数民族学生的实际情况，组织在民族预科教育教学一线的教师编写了《思想政治教育》《阅读与鉴赏教程》《写作实训教程》《微积分基础》《英语写作口语教程》《计算机基础》《计算机基础实验教程》《基础物理》《基础物理实验》《普通化学》《八桂乡情》等十多种教材，形成了颇具广西地方特色的适用的少数民族预科教材体系。广西少数民族预科系列教材的编写和出版，成为我国少数民族预科教材建设中的一朵奇葩。

　　本套教材以国家教育部制定的各科课程教学大纲为依据，以民族预科阶段的教学任务为中心内容，以少数民族预科学生的认知水平及心理特征为着眼点，在编写中力求思想性、科学性、前瞻性、适用性相统一，尽量做到内涵厚实、重点突出、难易适度、操作性强，真正适合民族预科学生使用，使他们在高中阶段各科教学内容学习的基础上，通过一年预科阶段的学习，对应掌握的学科知识能进行全面的查漏补缺，进一步巩固基础知识，培养基本能力，从而达到预科阶段的教学目标，实现预与补的有机结合，为学生一年之后直升进入大学本科学习专业知识打下扎实的基础。

　　百年大计，教育为本；富民强国，教育先行。教育是民族振兴、社会进步的基石，是提高国民素质，促进人的全面发展的根本途径，寄托着千百万家庭对美好生活的期盼；而少数民族预科作为我国普通高等教育的一个特殊层次，是少数民族青年学子由以进入大学深造的"金色桥梁"，承载着培养少数民族干部和技术骨干、为民族地区经济社会发展提供人才保证的重任。我们祈望，本套教材在促进少数民族预科教育教学中能发挥其应有的作用，在少数民族高等教育这个百花园里绽放出异彩！

　　是为序。

林志杰

2015 年 8 月

前　言

教育是国之大计、党之大计。党的二十大报告中强调要加快建设教育强国、科技强国、人才强国，办好人民满意的教育等，为当前教育发展进一步指明了奋进方向、提供了根本遵循。编写组紧紧围绕"培养什么人、怎样培养人、为谁培养人"这一教育根本问题，以落实立德树人为根本任务，从爱国情怀、民族自信、社会责任、科学精神等方面着眼，以学生综合实践能力培养为中心，对《基础物理实验》教材进行修订。

本教材编写目的是为了使大学预科生在预科阶段学习期间能更好地完成复习、巩固提高中学所学的物理知识任务，并培养他们实验的动手和分析的能力，使他们升入大学后能较好地适应大学的学习。根据高等学校预科物理实验教学大纲的要求，本教材在编写过程中，既考虑到我国现行普通高中物理实验教学的现状，又考虑到高等学校预科物理实验教学的特殊要求，在适应现代技术发展和普通物理实验需要的形势下，结合编写组成员多年来的教学实践经验编写而成。

本教材分为：实验目的和要求、实验基本知识、基础实验、设计实验与阅读材料等。

实验基本知识部分，介绍了误差基本知识，即基本实验数据计算结果的相对误差、误差原因分析和减少误差的途径，有效数字基本知识，实验数据的正确记录及处理方法等，使学生掌握基本的实验知识，能顺利完成实验，为学习大学实验课打好基础。

基础实验部分选编 20 个实验，其内容除结合课程的重点外，还考虑到将来常用的基本量具及仪器。通过对数据的记录、处理、分析，对有效数字、实验误差有具体的了解，知道减少不同误差的方法等。

设计实验部分有 10 个实验，通过设计性实验让学生运用已掌握的实验知识和技能，对科学实验的全过程有所了解，使其在科学实验方法的思考、模型的建立、实验仪器设备和参数的选择和配合、测量条件的确定等方面得到初步的训练，以开发学生实践能力和分析问题解决问题的能力，使学生通过一年的预科物理实验学习，在把基础性物理实验做好的同时，又能独立设计完成不同层次的设计性物理实验，培养学生知识迁移能力、实践创新能力和实验设计能力。

阅读材料部分，介绍一些比较前沿的新科技应用等知识，以提高学生学习兴趣，开阔学生眼界，培养学生创新精神。

本教材可作为高等院校预科理科班、工科班、医科班的物理实验教材，也可作为其他高等工科院校、职业院校和成人教育等学生的学习参考书，还可作为中专、中学物理教师的教学参考书。

　　本教材由樊爱琼编写实验八、九和第 4 章设计性实验（实验二十一至实验三十）及阅读材料 7、8，陆文捷编写实验一、二、三、四、五、十一、十二、十四、十五、十六，黎旦编写实验十三、十七、十八、十九和阅读材料 5、6，陆映红编写实验六、七、十和阅读材料 3、4，潘洪媚编写第 1 章绪论、第 2 章物理实验基本知识、实验二十和阅读材料 1、2。樊爱琼和陆文捷负责统稿。

　　本教材在编写过程中得到唐甲璋副教授的大力支持和帮助，在此表示衷心的感谢。在本教材的修订工作中也得到了吴汉成老师的帮助，在此一并感谢。

　　因水平有限，教材中难免有错漏和不妥之处，恳请读者批评指正。

编　者

2023 年 8 月

目　录

第 1 章

绪 论

物理学是自然科学中的一门基础学科，它研究的是自然界物质运动的基本规律。物理学是现代技术革命的先导，它的基本概念和基本定律是自然科学很多领域和工程技术的基础，它的理论被广泛应用于人类生产、生活的各个领域当中。由于物理学知识构成了物质世界的完整图像，因此，物理学也是科学的世界观和方法论赖以建立的基础。

物理学实质上也是一门实验科学，其形成和发展都是以实验为基础的。在物理学的发展史中，不论是物理概念的建立，还是物理规律的发现，都烙下了物理实验的印记。不论是以伽利略、牛顿、麦克斯韦等人的理论为代表的经典物理学的形成，还是以普朗克、爱因斯坦等人的理论为代表的近代物理学的形成，都证明了物理实验是物理学的发展动力。正是物理实验和物理理论的相互促进、相互制约，才有了物理学的快速发展。因此，物理实验和物理理论可谓相辅相成、相得益彰。

1.1 物理实验的地位和作用

大学物理实验课是针对高等学校理工科类专业学生开设的一门基础必修课，是本科生进行科学实验基本训练、接受系统实验方法和实验技能训练的开端。通过物理实验课，学生可以获得基本的实验知识、实验方法和实验技能的训练；学会观察丰富多彩的物理现象，发现问题和解决问题；学会将物理理论与实际事物相联系，加深对物理理论的理解，同时提高分析和解决实际问题的能力。同时，物理实验还可以培养学生严谨的科学思维和创新能力，在科学技术发展日新月异的当今，这些能力的培养显得十分迫切。

大学预科物理实验主要针对大学理工科预科学生开设。大学预科学生直升本科后所分流的专业几乎覆盖到理、工、农、医的所有专业，这些专业均有开设物理实验课程的要求，因此，大学预科物理实验多年来一直被列为理工类预科生的基础课程之一。

虽然按照教学大纲要求，从初中开始就应该开设物理实验课，但由于受师资条件、场地设施、经费设备等诸多条件的限制，物理实验在各地区各中学中开设的情况并不一致。尤其在许多边远地区，由于缺乏开课条件，许多学生没有亲自动手实验的机会和经历，为应付中考和高考，学生只能是背实验过程和实验结果。大学预科物理实验课程的开设，正是为广大预科学生，尤其是来自边远地区的预科学生，补上了亲历实验的一课。

1.2　物理实验的目的和任务

根据教育部物理基础课程教学指导分委员会在 2010 年版《理工科类大学物理实验课程教学基本要求》中规定，大学物理实验课程的具体任务是：

（1）培养学生的基本科学实验技能，提高学生的科学实验基本素质，使学生初步掌握实验科学的思想和方法。培养学生的科学思维和创新意识，使学生掌握实验研究的基本方法，提高学生的分析能力和创新能力。

（2）提高学生的科学素养，培养学生理论联系实际和实事求是的科学作风，认真严谨的科学态度，积极主动的探索精神，遵守纪律，团结协作，爱护公共财产的优良品德。

大学预科物理实验课作为大学物理实验课程的先导课，其教学目的和任务与大学物理实验课的目的和任务是一致的，通过实验课，着重培养学生的观察能力、操作能力、综合分析能力和数据处理能力，以及培养学生的细心、耐心、专心和用心等基本素养。

1.3　能力培养基本要求

（1）独立实验的能力——能够通过阅读实验教材、查询有关资料和思考问题，掌握实验原理及方法、做好实验前的准备；正确使用仪器及辅助设备、独立完成实验内容、撰写合格的实验报告；培养学生独立实验的能力，逐步形成自主实验的基本能力。

（2）分析与研究的能力——能够融合实验原理、设计思想、实验方法及相关的理论知识对实验结果进行分析、判断、归纳与综合。掌握通过实验进行物理现象和物理规律研究的基本方法，具有初步的分析与研究能力。

（3）理论联系实际的能力——能够在实验中发现问题、分析问题并学习解决问题的科学方法，逐步提高学生综合运用所学知识和技能解决实际问题的能力。

（4）创新能力——能够完成符合规范要求的设计性、综合性内容的实验，进行初步的具有研究性或创意性内容的实验，激发学生的学习主动性，逐步培养学生的创新能力。

1.4　教　学　内　容

大学预科通常是一年学制，受学习时间和学生已有知识的限制，本课程中实验项目设置仅涉及力学和电学的部分内容，具体的教学内容如下：

（1）基本物理量的测量方法。例如：长度、质量、时间、温度、速度、加速度、密度、电流、电压、电阻、电容等常用物理量的测量。

（2）实验室常用仪器的正确使用。例如：游标卡尺、千分尺、物理天平、气垫导轨、电脑计时器、万用电表、电压表、电流表、电桥、变阻器、单双踪示波器、常用电源等常用仪器的正确使用。

（3）正确记录和处理实验数据。例如：误差的基本知识，包括误差的来源及修正方法。处理实验数据的一些常用方法，包括列表法、作图法、最小二乘法以及应用计算机通用软件处理实验数据的基本方法。

（4）常用的实验操作技术。例如：零位调整、水平/铅直调整、根据给定的电路图正确接线、简单的电路故障检查与排除。

（5）适当介绍物理实验史料和物理实验在现代科学技术中的应用知识，例如物理实验仪器更新换代与现代科学技术发展的关系。

（6）撰写合格的实验报告。

1.5　物理实验课的主要教学环节

物理实验教学通常有三个主要环节：实验前的预习、实验操作和实验后的实验报告撰写。

（1）实验前的预习。

课堂实验操作时间通常都是有限的，为了提高课堂效率，高质量地完成实验任务，实验前的预习必不可少。预习时，一是要阅读实验教材，了解实验内容和目的，实验原理和方法，所使用仪器的性能、操作要点及注意事项等。对实验内容和需要观测的数据做到心中有数，并预先了解数据的测量及处理方法。二是要预习实验的过程。如今，许多学校都开发有虚拟实验平台，学生可以通过网络在虚拟实验平台上进行模拟实验或观看实验视频，了解实验步骤。三是写好预习实验报告。预习报告内容包括实验名称、目的、原理、使用仪器及实验内容等，以及针对实验中要测量的实验数据设计好合理的原始数据记录表格。对一些设计性的实验，还要写出自拟的实验方案，列出要用到的仪器或设备的要求，并画出设计的原理图、实验装置示意图或线路图。

预习报告应包括如下内容：

① 实验名称。表示要做什么实验。

② 实验目的。说明为什么要做这个实验，在实验中要解决的中心问题。

③ 实验仪器。列出所需的仪器名称、型号规格和量程等。

④ 实验原理。简要叙述本实验所依据的原理公式，实验中将要测量的物理量，拟用的测量计划和实验步骤。电学实验还要画出电路图，光学实验要画出光路图，设计性实验要画出原理图或装置示意图。

⑤ 数据表格。根据实验内容，明确待测物理量，设计并画出原始数据记录表格。

⑥ 回答预习思考题。

（2）实验操作。

实验操作是整个实验的中心环节，是实验的实践环节。学生在实验时必须严格遵守实验室的各种规章制度，正式操作之前，一定要仔细阅读有关仪器使用的注意事项或仪器说明书，在教师的指导下合理布置和正确使用仪器，确保安全操作，同时注意爱护仪器，稳拿妥放，防止损坏。仔细观察和记录实验现象，学会分析实验现象，当出现未预计的现象时要冷静分析和处理，找到问题所在。当仪器装置出现故障时，学生应在教师的指导下学习排除故障的方法，并力求自己解决。实验操作过程实质上就是实验能力和素养的培养过程。

做好实验记录是科学实验的一项基本功。原始数据是得出实验结论的基础，要严肃地对待原始数据记录。在观察测量时，要做到正确读数，实事求是地记录客观现象和数据，填写在预习报告或课前准备好的记录表格中，记录时要注意单位、有效数字以及环境条件，同时记下实验所用的仪器装置的名称、型号、规格、编号和性能等，以便以后在需要时可以用来重复测量和利用仪器的准确度校核实验结果的误差。切勿将实验数据随意记录在草稿纸上，或是不按顺序和规律记录数据，不可事后"追忆"数据，更不可为拼凑数据而随心所欲地篡改实验数据。不允许用铅笔记录实验数据，在记录数据时如果是记错了，可以在错误的记录上画一条线，或打一个"×"，在旁边写上正确值，不要将错误记录涂掉，这样可以使正误数据都能清晰可辨，以供在分析测量结果和误差时参考。保留"错误"的数据，是因为"错误"数据有时经过比较后竟是对的。如果对测量数据有疑问，可以重新实验测量，并对原来的数据标上特殊符号以备查考。原始数据突出的是"原始"两个字，因此，不要随意先在一些纸张上草记数据，再誊写到数据表格中，这样容易出现错漏，也不再是"原始记录"了。

如果是两人或多人共同完成实验，既要分工又要协作，要各自记录实验数据，共同完成实验任务，并在原始数据记录上写上同组者的姓名。

实验结束后，要将实验数据交给指导老师审阅签字，对不合理或错误的实验结果，经分析后要补做或重做。在离开实验室前要自觉整理好仪器设备，做好清洁工作，关好水电门窗等。

（3）实验后的实验报告撰写。

实验报告是实验工作的全面总结，也是交流实验经验、推广实验成果的媒介。撰写实验报告的目的，是为了培养和训练学生以书面形式总结工作或报告科学成果的能力，是培养实验能力的一部分。实验报告要求比预习报告更详细、规范和严谨。它要求实验者要按照一定的步骤和程序来展开，把自己的整个实验过程进行汇报。学生要用自己的语言简明扼要地描述实验目的、实验原理、实验内容及步骤，记录在实验过程中观测到的现象和数据，并按约定的方法对数据进行处理，根据误差理论或实验精度要求对实验结果进行分析讨论，总结实验中的得失点及需改进点，最后还要对课后设置的一些思考题进行讨论，使实验学习得以深化。

实验报告应遵循简洁、准确、实事求是的原则，要求文理通顺，字迹清楚，图表正确规范，数据齐全，结论明确，分析讨论认真，切忌通篇照抄书本。一份合格的实验报告，不仅能让实验者汇报了自己的实验情况，还应能够让批阅报告的老师或同行看得明白实验者的思路和见解。实验报告一般应写在专用的实验报告纸上，并按要求在规定的时间内独立完成。

实验报告通常包括以下内容：

① 实验名称。表示要做什么实验。

② 实验目的。说明为什么要做这个实验，在实验中要解决的中心问题。

③ 实验仪器。列出实际使用的仪器名称、型号规格和量程等。

④ 实验原理。用自己的语言简明扼要地描述实验依据，即测量和计算所依据的主要原理公式及其推导过程，并注明公式中各量的物理含义及单位，公式成立应满足的实验条件等，画出有关的图（原理图、装置图、电路图或光路图等）。

⑤ 实验内容和步骤。简单概括且条理分明地写明实验主要内容和关键步骤。

⑥ 实验数据表格与数据处理。将原始数据转记到实验报告纸上（附上原始记录），并尽可能用表格的形式列出，正确表示有效数字和单位，写出数据处理的主要过程，绘制相应的图线，并求出实验误差或结果的不确定度。数据计算要按照有效数字的运算法则进行。

⑦ 实验结果和讨论。完整清晰地表示实验结果，并对结果进行讨论。实验结果除了测

量结果，还应包括误差分析或不确定度的评定，产生误差的原因及实验方案改进，也包括对实验中观察到的现象分析与解释、对实验中有关问题的思考与讨论，甚至是对本实验的体会或是对教师、教材、教法的看法和建议等。

⑧ 回答课后习题。

以上是实验报告的基本格式，在实际书写时，有时会将几项合并。例如，有些实验有多项实验内容，在描述每项实验内容和步骤后，通常紧接着书写该项内容的数据表格、数据处理过程和结果，有时甚至只用一个表格就足以将测量数据、数据处理过程和结果完整表达。

1.6　学生实验规则

（1）实验前认真预习，做到心中有数。实验时带上预习报告，经老师检查同意后方可进行实验。

（2）遵守实验操作规则，按照实验项目要求做好操作前的各项准备工作·经指导教师检查许可后，方可接通电源或启动仪器设备。爱护仪器，在不了解仪器操作方法之前不要擅自搬弄仪器或启动仪器。

（3）实验中要细心操作，仔细观察，认真正确地记录实验现象或测量结果，不能抄袭他人实验数据或结果，或是杜撰自编数据，不允许实验后追记数据。

（4）遇到自己不能处理的问题，如仪器失灵、电源不通等，应主动停止实验，及时报告老师。

（5）实验中，要注意人员及设备的安全，在使用易燃易爆或接触带电设备时，要严格操作，注意防护。未经教师允许不得擅自动用其他设备，更不能自行拆卸所用仪器设备，如擅自运用仪器设备或违反操作规程造成仪器设备损坏，要按规定赔偿。

（6）实验结束后，请指导老师检查并签阅实验记录数据，清点仪器设备、用品，并将仪器、场地整理复原，认真填写仪器使用记录册，清理桌面及地面卫生，经指导老师检查后方可离开实验室。

（7）实验室内一切物品未经负责人批准，严禁携出室外，外借物品必须履行登记手续。

第 2 章

物理实验基本知识

物理实验的任务不仅是定性地观察各种物理现象，更重要的是对物理量进行定量地测量，找出各物理量之间的内在关系。由于受测量仪器、测量方法、测量条件及测量人员等诸多因素的影响，对一个物理量的测量不可能是无限精确的，即测量中的误差是不可避免的。怎样才能对测量结果做出准确的评定？这正是数据处理和误差分析要解决的问题，如果没有测量误差的基本知识，就不可能获得正确的测量值，不会处理数据或处理数据的方法不当，就得不到正确的实验结果。因此，误差理论和数据处理是物理实验测量的理论基础之一。

误差理论是一门独立的学科，它以数理统计和概率论为其数学基础，研究误差的性质、规律及误差的消除方法和途径。物理实验课中误差分析的主要目的是对实验结果做出评定，最大限度地减少实验误差，或指出减少误差的方向，提高测量结果的可信程度。对于低年级大学生，尤其是大学预科生而言，由于受数学知识的限制，这部分内容难度过大。为减少学生学习难度，本章从大学预科物理实验教学的角度出发，仅限于介绍误差分析的初步知识，有效数字及几种最常用的数据处理方法。

2.1 测量与误差

2.1.1 测量及其分类

物理实验中，为了对物理现象做定量描述，找出物理量之间的定量关系，必须进行物理量的测量。测量就是将待测量与被选作计量标准（即单位）的同类物理量进行比较，得出其与单位之间的倍数关系，倍数值称为待测量的数值大小，计量标准称为单位。因此，一个待测量的测量值必须包括数值大小和单位。

根据测量方式，测量可以分为直接测量和间接测量。

直接测量是指从仪器或量具上可直接读出待测量大小的测量。例如用米尺测量长度，用温度计测量温度，用天平测量质量或用电压表测电压值等都属于直接测量。但有些物理量是无法用量具直接测量的，它需要先直接测量另外一些相关的量，然后通过一定的数学关系运算才能得到结果，这样的测量称为间接测量。例如要测小圆柱体的密度，应首先用米尺或游标卡尺直接测量它的直径 d 和高度 h，用天平测量它的质量 m，然后由公式 $\rho = 4m/(\pi d^2 h)$ 计算出柱体的密度。其中 d、h 和 m 是直接测量，ρ 则是间接测量。

一个物理量能否直接测量不是绝对的，随着科学技术的发展，测量仪器的改进，许多原来只能间接测量的量，现在也可以直接测量了。比如，电能的测量本来是间接测量的，现在也可以用电度表来进行直接测量了。大多数物理量都是间接测量，但直接测量是一切测量的基础。

2. 1. 2 误差及其分类

1. 绝对误差与相对误差

在一定条件下，任何一个物理量的大小都是客观存在的，都有一个客观量值，称为真值。但由于受测量仪器、测量方法、测量环境条件及观测者技能水平等诸多因素的限制，使得测量值与待测量的真值不可能完全相同，两者之间总存在有一定的差距，这个差值称为测量误差。测量误差的大小反映了测量结果的准确程度。测量误差存在于一切测量之中，始终贯穿于整个测量过程中。测量误差可以用绝对误差表示，也可以用相对误差表示。

$$绝对误差＝测量值－真值$$

$$相对误差＝\frac{绝对误差}{真值}\times 100\%$$

如果用 x_0 表示真值，x 表示测量值，Δx 表示绝对误差，δ 表示相对误差，即

$$\Delta x = x - x_0$$

$$\delta = \frac{\Delta x}{x_0} \times 100\%$$

绝对误差是一个有量纲的数值，它的大小反映了测量值偏离真值的大小和方向，不能反映出测量的相对精度。相对误差则是一个无量纲量，通常用百分比来表示测量准确度高低，相对误差比绝对误差更能反映测量结果的精确度。

2. 误差的分类

测量误差按其产生的原因和性质，一般可分为系统误差和随机误差两大类。

系统误差 在同一条件下，对同一物理量的多次等精度测量过程中，其误差的大小和符号总是保持不变或按照某一确定的规律变化，这类误差称为系统误差。系统误差的特征是它的确定性，其主要来源有以下几个方面：

（1）仪器误差。由于仪器本身的缺陷或没有按照规定条件使用仪器而造成的误差。如仪器零点未校准，仪表刻度不匀，天平砝码不准或天平不等臂，米尺弯曲等。

（2）理论和方法误差。由于测量所依据的理论和公式本身的近似性，或测量方法的局限性和测量条件不能满足理论公式所要求的条件而引起的误差。如实验中忽略了摩擦，散热，电表的内阻，电表的分压分流，称量轻物体的质量时忽略空气浮力的影响，用单摆测量重力加速度时摆角不够小等。

（3）环境误差。由于环境影响和没有按规定的条件使用仪器产生的误差。如环境的压强、温度、湿度、光照、电磁场等因素与仪器要求的环境条件不一致。

（4）个人误差。由于测量者本身生理或心理特点所产生的误差。如停表时，有人总是操之过急，计时短，有人则动作滞后，总是计时长；在使用刻度仪表时，有人则习惯偏向一方读数，使得读数始终偏大或偏小。

由于系统误差总是偏向一边，因此不能通过多次测量取平均值的方法来消除它。虽然产生系统误差的原因不同，但它的出现是有规律的，可以通过校准测量仪器、改进实验装置和

实验方案、对测量结果进行修正等方法加以消除或减小。如伏安法测电阻实验中的误差修正公式。

随机误差　随机误差有时也称偶然误差。随机误差是在极力消除或修正一切明显的系统误差之后，在同一条件下多次等精度测量同一物理量时，测量值对真值的偏离或大或小，时正时负，单次测量值依照随机规律无规则涨落变化。随机误差的特点是随机性和统计性，在单次测量时，误差的大小和方向都是不可知的，但当测量次数足够多时，这种误差服从一定的统计规律，最常见的有正态分布规律和均匀分布规律。根据随机误差服从的统计规律，可以对随机误差的大小和测量结果的可靠性做出合理的评价。

系统误差和随机误差是两种不同性质的误差，分别具有确定性规律和随机性规律。但这种区别不是绝对的，在许多情况下，两者混杂在一起，难以严格界定。

2.2　有 效 数 字

1. 有效数字的概念

任何一个物理量，其测量结果总是有误差的，即测量结果是个近似值。那么，该测量值的位数应该如何取舍才能真实地表达物理量，这是由测量仪器的精确度来决定的。因此，一个物理量的测量值和数学上的一个数有着不同的意义。例如，若用最小分度值是 1 mm 的米尺去测量某物体的长度，测量结果是 5.6 mm，其中 5 是直接读出，是准确可靠的，而 6 则是从最小刻度之间估读，是带有误差的，叫作欠准数字，但这个数字不是无中生有，而是有根有据有意义的，正是这个欠准数字的存在，使得测量值更接近真实值，也更能反映客观实际。因此，测量值应当保留到这位欠准数字 6，如果欠准数字是 0，也不能舍去，测量结果应当且只能保留一位欠准数字。

我们把测量结果中几位可靠数字加上一位欠准数字组成的数字称为测量值的有效数字。

在表示测量结果时，必须采用正确的有效数字，不能多取，也不能少取，少取了会损害测量精度，多取了又夸大了测量的精度。

2. 有效数字的表示

（1）用量具直接测量，一般读数应读到最小分度值的下一位。

（2）游标类量具，只读到游标分度值。

（3）数字式仪表及步进读数仪器（如电阻箱）不需要进行估读，仪器所显示的末位就是欠准数字。

（4）在读取数据时，如果测量值恰好是整数，则必须补"0"，一直补到可疑位。如用最小刻度是 1 mm 的米尺去测量某物体的长度，测量结果恰好是 5 mm，应记为 5.0 mm。若用最小分度值是 0.02 mm 的游标卡尺去测量同一物体，读数也是整数，则记为是 5.00 mm，再改用千分尺去测量时读数仍是整数，则应记为 5.000 mm。

（5）有效数字位数与小数点的位置无关。例如 0.030 25 km＝30.25 m＝3 025 cm 都是四位有效数字。在进行单位换算时，要避免把 3 025 cm 写成 30 250 mm，因为这样就无故增加了有效数字。为了避免在单位换算时无故增加有效数字，或是数字很大或很小且有效数位很少，可采用科学记数法表示。科学记数法通常是在小数点前保留一位整数，用 10^n 表示。如 1.23×10^2 或 1.234×10^{-5}。

（6）最高位非零数字前的"0"不是有效数字，非零数字后的"0"或数字间的"0"都是有效数字。例如，1 230 mm、123.0 cm、1.230 m 和 0.001 230 km 都是四位有效数字，而 2.00×10^4 则是三位有效数字。

3. 数值的舍入修约规则

数值修约就是去掉数据中多余的位数，也叫作化整。对各种测量、计算的数值进行修约时，首先要确定需要保留的有效数字和位数，后面多余的数字就应给予舍入修约。舍入修约规则一般为"四舍六入五凑偶"：尾数小于 5 则舍，尾数大于 5 则入，等于 5 则把尾数凑成偶数（即 5 前若是偶数，则把该 5 舍去，保持这个偶数；若 5 前是奇数，则该 5 进 1，将这个奇数凑成偶数）。例如

$$3.141\ 69 \rightarrow 3.142; \quad 3.141\ 41 \rightarrow 3.141$$
$$3.140\ 50 \rightarrow 3.140; \quad 3.215\ 50 \rightarrow 3.216$$

4. 有效数字的运算规则

（1）加减法。

加减法运算中只要把小数点对齐，以最左的欠准数字为根据来决定和或差的估计数字的位置。

例如：$23.8 + 4.342 = 28.1$

又如：
$$\begin{array}{r} 321.83 \\ +41.1 \\ \hline 362.93 \end{array} \qquad \begin{array}{r} 477 \\ -93.61 \\ \hline 383.39 \end{array}$$

竖式这两个数的结果分别取值为 362.9 和 383。

（2）乘除法。

在乘除法中，以几个量中有效数字位数最少的量为准，其余各量化简为比该量有效数字多一位的量，然后进行乘除运算，计算结果的有效数字的位数则与各测量量中有效数字位数最少的取齐。

（3）有效数字开方或乘方。

本身有几位有效数字，结果中就保留几位有效数字。

（4）函数运算。

进行函数的有效数字运算时，不能搬用有效数字四则运算法则，应该按误差传递公式来计算。

对数函数运算后的有效数字看小数点后的位数，它的位数与真数位数相同。

$$\lg 1.855 = 0.268\ 3$$
$$\lg 1\ 855 = 3.268\ 3$$

指数函数运算后的有效数字位数与指数小数部分的位数（含零）相同。

$$10^{6.25} = 1.8 \times 10^6$$
$$10^{0.004\ 5} = 1.010$$

三角函数的有效数字位数与角度有关，当角度 θ 估读到 $1'$ 时，三角函数取 4 位有效数字，当角度 θ 估读到 $1''$ 时，三角函数取 5 位有效数字。

$$\sin 20°6' = 0.343\ 7$$

（5）其他。

常数的有效数字通常比测量值多取 1 位。

运算中间结果的有效数字位数比按规定多保留 1 位。

2.3　数据处理的基本方法

物理实验中测得的许多数据，通常都是要经过科学的分析和处理，才能把实验数据所代表的物理量之间的变化关系和内在规律呈现出来。数据处理的过程包括数据记录、整理、计算、分析、拟合等，常用的物理数据处理方法有列表法、作图法、图解法、逐差法、最小二乘法等。基于大学预科学生的数学知识的局限性，本章仅介绍列表法和作图法。

1. 列表法

列表法就是将测量的原始数据按类别列成表格的形式。列表能让大量数据有序记录，实验过程条理清晰，结果一目了然，同时易于查对和比较，避免数据混乱和丢失。列表没有统一的格式，但所设计的表格应简单明了，合理美观，有助于反映物理量之间的相互关系和规律。列表应注意以下几点：

（1）首先要写明数据表格的序号、名称、项目等，必要时还应详尽记录实验条件、仪器及仪器误差、环境参数等。

（2）表中各栏目都要注明所记录的物理量的名称（符号）和单位，单位和量值的数量级写在标题栏中，不要重复记在各个数值上。如果整个表中单位都一样，可将单位注明在表的右上方。

（3）表中栏目的顺序应与测量的顺序一致，若有函数关系，则应按自变量由大到小或由小到大的顺序排列。

（4）列表时，应根据具体情况，决定列出哪些项目，个别与项目联系不大的数据可以不列入表内。除原始数据外，计算过程中的一些中间结果和最后结果也可以列入表中，如平均值、误差等。

（5）表中数据要正确反映测量的有效数字，同一竖行内的数字位数应对齐，数据不应随便涂改，确实要修改，应将原来数据画条横杠以便随时查验。

2. 作图法

作图法就是在坐标纸上把一系列数据之间的关系或其他变化情况用图线直观地表示出来。利用作图法得出的曲线，因为它是依据多数点连成的光滑曲线，也就相当于取平均值，故图线上的数据是直接测得数据的最佳值。另外，在一定条件下，还可以从曲线的延伸部分读出测量结果以外的点。

作图时应注意以下几点：

（1）根据函数关系选取适当的坐标纸，选择合适的比例单位，画出坐标轴的方向，标明物理量、单位和刻度值（即使得坐标纸的最小格对应数据中的有效数字的最后一位可靠数位）。

（2）描点用"＋"或"×"标出，实验数据应当与交叉点相对应。

（3）坐标轴的 X 轴代表自变量，Y 轴代表因变量，坐标原点不一定是变量的零点，可以根据测量点的范围加以选择。纵轴与横轴比例要选择适当。

（4）用直尺、曲线板等工具把点连成直线或光滑曲线时，并不要求线通过所有的点，但线的两边的点数要大体相当，点到线的距离尽可能近。画校正曲线，则必须通过每一个点，连成折线。

（5）由图求直线的斜率时，为减少误差，应选取线上相距较远的两点，并标出其坐标。利用公式：

$$K = \frac{y_2 - y_1}{x_2 - x_1}$$

求出斜率 K。

如今，计算机应用得到普及，各种应用软件也层出不穷，利用这些软件可以让我们在处理数据时更加快捷、方便。Excel 就是一款有数据处理、分析和统计功能的办公软件。物理实验数据处理常用的列表法、作图法、图解法、逐差法、曲线直线的拟合、最小二乘法等，都可快速地在 Excel 中实现。

第 3 章

基础实验

实验一　游标卡尺、千分尺的使用

【实验目的】

1. 熟悉游标卡尺、千分尺的使用方法；
2. 学习根据不同的要求选择不同的工具测量物体。

【预习要点】

1. 游标卡尺的构造原理是怎样的？
2. 什么是游标的分度值，50 分游标卡尺的分度值是多少？
3. 如何确定 50 分游标卡尺测量量的有效数字位数？
4. 千分尺的构造原理是怎样的？
5. 千分尺的分度值是什么？半毫米刻度线对读数是否有影响？
6. 如何确定千分尺测量量的有效数字位数？
7. 什么是零点误差？如何修正测量值？

【仪器与用具】

游标卡尺、千分尺、细铜丝、铝圆柱体、圆环、塑料圆筒等。

【实验原理】

一、游标卡尺

游标卡尺简称卡尺，是由卡尺（称主尺）和附加在米尺上的一段能滑动的副尺构成的。它可以将米尺估计的那位数准确地读出来。可用来测物长、孔深及内、外圆直径等。

1. 构造和原理

游标卡尺的构造如图 1-1 所示。主尺 A 是毫米分度尺，副尺 B 是可以滑动的游标，钳口 CD 测内径；刀口 EF 测长度和外径；I 用来测孔深；螺丝 G 用来固定游标。游标 B 上有 m 个分格，它的总长与主尺上的 $(m-1)$ 个分格的总长相等。设主尺每个分格的长度为 x，

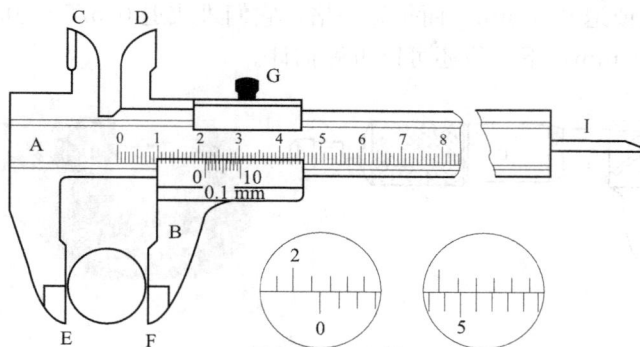

图 1-1　游标卡尺

游标上每个格的长为 y，则有

$$(m-1)\,x = my \tag{1-1}$$

或

$$x - y = \frac{x}{m}$$

（$x-y$）称游标的分度值：主尺的最小刻度为毫米，$m=10$，则这种游标的分度值为 $\frac{1}{10}$ mm，称为 10 分游标卡尺；如果 $m=20$，则分度值为 $\frac{1}{20}$ mm，称为 20 分游标卡尺；我们用的是 50 分游标卡尺，$m=50$，分度值为 $\frac{1}{50} = 0.02$（mm）。

2. 读数

测量时，根据游标"0"线所对主尺的位置，如图 1-1 所示，可在主尺上读出毫米位的准确数，毫米以下的尾数由游标读出。

游标卡尺的仪器误差可规定为它的最小分度值。

注意：用游标卡尺测量之前，应先将卡口合拢，检查游标尺的"0"线和主尺的"0"线是否对齐，如不能对齐，应记下零点读数，予以修正。

二、千分尺

千分尺又叫螺旋测微器，是比游标卡尺更为精密的测量仪器。

1. 构造和原理

千分尺最主要的部分是由测微螺旋、精密螺杆和螺母套管构成，如图 1-2 所示。螺母外套管 A 为主尺，主尺上有一条横线，是圆周刻线读数准线，横线下面刻有整毫米数的刻线，上面是半毫米数的刻线。螺杆套筒 B 上的刻线为副尺，它与螺杆相连，此套筒上的刻线为 50 分度，副尺的圆周线与主尺读数准线垂直相交，是固定标尺的读数准线。螺杆的伸缩是靠旋转副尺来完成。C 叫量砧，CD 间的两平面叫量面，被测物体就放在量面间。E 称锁紧手柄，用来固定两量面间的距离。F 叫棘轮，靠摩擦力与 D 杆相连，旋转 F 可使 D 杆或进或退。G 为被测件。在测量时，只要听到在旋转小棘轮时发出"哒哒"的响声，螺杆就不再前进，也就应该进行读数了。千分尺内测微螺旋的螺距为 0.5 mm，因此副尺每旋一周，D

杆都与副尺同时或进或退 0.5 mm；而每旋一格，它们进或退 0.5/50＝0.01（mm），可见千分尺的分度值是 0.01 mm，下一位还可以再做估计。

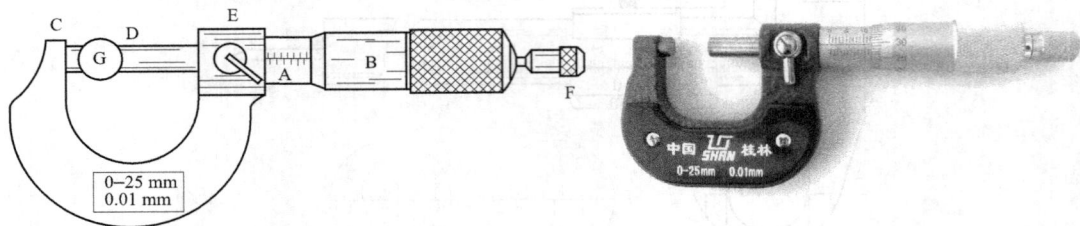

图 1-2　千分尺

2. 读数

读数时，观察同定标尺读数准线所在的位置，如果半毫米刻线尚未露出，则千分尺所表示的读数应该是主尺上的整毫米刻度数加上副尺上的整刻度数再加上毫米千分位的估计数字：如图 1-3（a）所示，尺上的读数应是 7＋0.25＋0.008＝7.258（mm）。若副尺移动到露出了半毫米刻度线，则如图 1-3（b）所示，尺上的读数应加上 0.5 mm，即

$$7＋0.5＋0.25＋0.008＝7.758（mm）$$

一般情况下，千分尺的仪器误差规定为 0.004 mm。

3. 注意事项

（1）千分尺使用前要记录它的零点读数，图 1-3（c）零点读数为正，图 1-3（d）零点读数为负，测量时应做零点修正，即减去零点读数：（修正公式：$x_{修}＝x_{读}－D_0$）

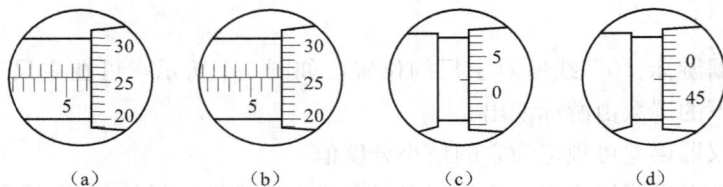

（a）　　　　　（b）　　　　　（c）　　　　　（d）

图 1-3　千分尺读数

（2）记录零点或测长时，不要直接转动螺杆，应轻轻转动棘轮，待出现"哒哒"声时，即可停止旋动，进行读数。

（3）千分尺用完后，量面间要留一点空隙，然后放回盒内。

三、对测量仪器的选择

游标卡尺和千分尺测量长度的范围和精度各不相同，对于不同的待测对象和精度要求，应采用不同的测量仪器。如测一根直径为 0.5 mm 的漆包线，若用千分尺去量，其相对误差为 $\frac{0.004}{0.5}＝0.8\%$，而用游标卡尺去量则相对误差则可达到 $\frac{0.02}{0.5}＝4\%$，可见测微小量用游标卡尺测量是达不到精度要求的。因此可知根据不同的要求，应选用不同的量具去测量。

四、间接测量的有效位数的舍取

间接测量的有效位数的舍取要视其各分量的位数而定，要按有效数字的运算法则去确定。

五、电子数显卡尺的使用方法

电子数显卡尺使用方法见附录一。

【实验内容】

（1）学习使用游标卡尺和千分尺。

① 认真了解游标卡尺、千分尺的构造原理、读数方法及注意事项。

② 记下游标卡尺的零误差（注意正负），如有零误差，测量的读数都要减去零误差。

③ 根据测量要求选择适当的仪器进行测量。本实验要求测量值的相对误差 $\delta < 2\%$。

（2）测量一粗、一细漆包线的直径，每根转换不同位置测 2 次求平均值。数据填入表 1-1。

（3）测量铝圆柱体的体积，注意结果的有效数字位数的取舍原则。数据填入表 1-2。

（4）测量圆环的内外径、圆筒的深度。数据填入表 1-3。

【实验记录】

表 1-1　测金属丝直径

仪器　　　　　　　　　　　　　　　　　分度值　　　　　　　　　　　　　　零点 $D_0 =$

项目　　次数	1	2	平均值
细铜丝/mm			
粗铜丝/mm			

表 1-2　测量圆柱体的体积

仪器　　　　　　　　　　　　　　　　　分度值　　　　　　　　　　　　　　零点 $D_0 =$

项目　　次数	1	2	3	平均值
直径 ϕ/mm				
高度 H/mm				
体积 $V = \left(\dfrac{\phi}{2}\right)^2 \pi H =$		（　　　　）		

表 1-3　测量圆环的内外径，圆筒的深度

仪器　　　　　　　　　　　　　　　　　分度值　　　　　　　　　　　　　　零点 $D_0 =$

项目　　次数	1	2	平均值
圆环内径/mm			
圆环外径/mm			
圆筒深度/mm			

【注意事项】

(1) 游标卡尺的游标尺的零刻度在主尺零刻度左边时零点误差 D_0 为负值，在右边时 D_0 为正值。

(2) 游标卡尺的读数（对齐）：主尺读数＋游标读数（格数）×精度＝读数。

(3) 游标卡尺的读数是没有估计数的。

(4) 50 分度游标卡尺的读数结果最后一位数是偶数。

(5) 千分尺副尺的零刻度在读数准线的上方时，零点误差 D_0 为负值，在下方时 D_0 为正值。

(6) 千分尺的读数：主尺读数＋副尺刻度（要估读）×精度＝读数。

(7) 注意判断千分尺半毫米刻度值是否应加上。

(8) 注意圆环的内外径及圆筒深度的测法。

(9) 填到记录表格中的数据应是修正后的数值。

【回答问题】

(1) 一把游标卡尺若要测 $\phi=8$ mm 的圆柱体，要求测量值相对误差在 1% 以内。问这把游标卡尺至少是多少分游标卡尺？为什么？（常见的有 10 分、20 分、50 分的游标卡尺）

(2) 用游标卡尺测圆柱体体积时，最后得的体积数取几位有效数字？为什么？

实验二　密度的测定

【实验目的】

1. 练习使用物理天平，进一步熟悉游标卡尺的使用方法。
2. 学习测定固体和液体的密度。

【预习要点】

1. 如何安装物理天平？
阅读课本"WL 型物理天平使用说明"的内容，并按其步骤安装调整天平。
2. 常止动的含义是什么？
3. 天平的正确使用可以归纳为哪四句话？

【仪器与用具】

物理天平、游标卡尺、烧杯、待测物等。

【实验原理】

一、天平称质量

天平是一个简单的等臂杠杆，其构造如图 2-1 所示。

天平用等臂且为稳定平衡（重心在支点下方）的杠杆作它的横梁，当两端支点受力相等时，横梁在水平位置平衡。天平主要由底座、中心立柱、横梁、砝码、托盘等部分组成。

设水平左右臂长分别为 L_1 和 L_2。两臂的等效质量分别为 M_1 和 M_2，则平衡时有

$$M_1 g L_1 = M_2 g L_2 \qquad (2\text{-}1)$$

其中 g 是重力加速度。

再分别在两盘中放入砝码（质量为 m_0）和待测物（质量为 m），待测物要放入左盘，砝码放入右盘，则天平再处于平衡时有

$$(M_1 + m_0) g L_1 = (M_2 + m) g L_2 \qquad (2\text{-}2)$$

如果 $L_1 = L_2$，则由式（2-1）和式（2-2）得到

$$m = m_0 \qquad (2\text{-}3)$$

由此可见，天平是利用待测物与砝码的质量相比较而得到待测物质量的。因此，为保证天平工作正常，需预先调整好天平的水平和平衡。

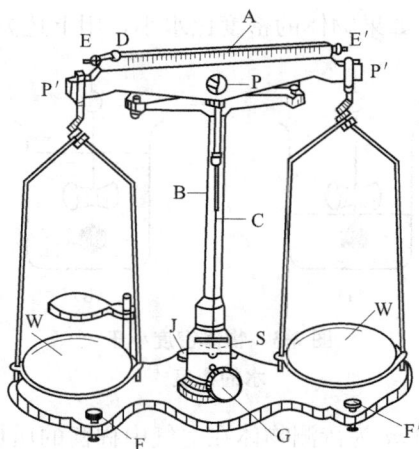

图 2-1　物理天平

A—横梁；B—立柱；C—指针；D—游码；
E、E′—平衡螺母；F、F′—调节水平螺母；
G—止动旋钮；J—水准仪；P—中刀承；
P′—吊耳；S—刻度尺；W—称盘

二、规则物体的密度测定

若一物体形状规则，其质量为 m，体积为 V。根据密度的定义，有

$$\rho = m/V \tag{2-4}$$

质量 m 由天平测定，体积 V 通过测量长度和计算可得到。

三、不规则物体的密度测定——物体密度大于水的密度

先称出待测物体在空气中的质量 m，如图 2-2（a）所示，再将物体没入水中，当其在水中平衡时，右盘砝码质量为 m_1，则其"视重"为 $m_1 g$，如图 2-2（b）所示，则物体在水中受到的浮力为

$$F = (m - m_1)\, g \tag{2-5}$$

根据阿基米德原理，浸没在液体中物体所受浮力的大小等于所排开的同体积液体的重量，因此

$$F = \rho_0 V g \tag{2-6}$$

其中 ρ_0 为液体的密度，本实验用水密度为 1，V 为排开水的体积，当物体没入水中，也就是物体的体积。

联立（2-5）式和（2-6）式得

$$V = (m - m_1)\, /\rho_0 \tag{2-7}$$

再代入（2-4）式，得

$$\rho = \frac{m}{V} = \frac{m}{m - m_1} \cdot \rho_0 \tag{2-8}$$

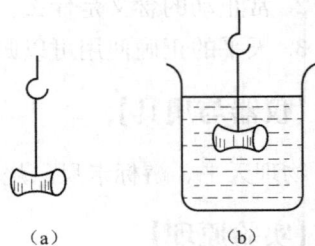

图 2-2   物体密度大于
水的密度

四、不规则物体的密度测定——物体密度小于水的密度

如果物体的密度比水小，用上述方法无法将物体全部没入水中。这时可将另一个重物用

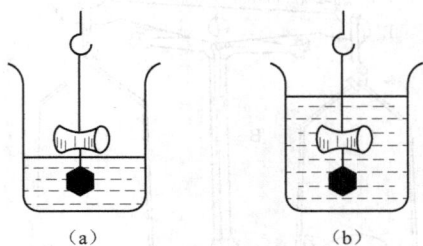

图 2-3   物体密度小于
水的密度

细绳悬挂在待测物下面，如图 2-3（a）所示，先将重物没入水中，这时用天平称衡，相应的砝码的质量为 m_2，再将重物连同待测物一起浸没水中，如图 2-3（b）所示，用天平称衡，相应的砝码为 m_3，于是待测物没入水中所受的浮力为

$$F = (m_2 - m_3)\, g \tag{2-9}$$

与前面类似

$$\rho = \frac{m}{m_2 - m_3} \cdot \rho_0 \tag{2-10}$$

其中 m 为待测物体在空气中称衡的质量。

五、测定液体的密度

若一液体的质量为 m，体积为 V，则可由（2-4）式求出 ρ 来。质量 m 由天平测得，体积 V 用量筒（或量瓶）测得。

【实验内容】

一、学习和调整物理天平

使用前要认真了解天平的构造原理，熟悉使用、调整方法。

天平的正确使用可以归纳为四句话：调水平；调零点（注意游码一定要放在零线位置）；左称物；常止动（加减物体或砝码、移动游码或调平衡螺母都要关闭天平，只是在判断天平是否平衡时才开启天平）。

二、测定物体的密度

（1）测量物体的长度，计算体积 V；

（2）用天平称出物体的质量为 m；

（3）计算物体的密度及相对误差。

将测量或计算结果填入表 2-1。

表 2-1　规则物体（圆柱体）密度的测定

高度 h （　）	直径 d （　）	体积 V （　）	质量 m （　）	密度 ρ （　）	相对误差　$\delta=\dfrac{\lvert\rho_{测}-\rho_{真}\rvert}{\rho_{真}}\times100\%$

注："（　）"里填写单位。

三、不规则物体密度的测定 1——密度大于水的物体

（1）测定金属块在空气中的质量 m；

（2）测定金属块没入水中称衡时砝码的质量 m_1；

（3）计算金属块的密度及相对误差。

将测量和计算结果填入表 2-2。

表 2-2　不规则物体密度的测定（密度大于水的物体）

质量 m （　）	质量 m_1 （　）	密度 ρ （　）	相对误差　$\delta=\dfrac{\lvert\rho_{测}-\rho_{真}\rvert}{\rho_{真}}\times100\%$

四、不规则物体密度的测定 2——密度小于水的物体

（1）测量蜡块在空气中的质量 m；

（2）将蜡块下系一重物，测量重物浸没在水中称衡时砝码的质量为 m_2；

（3）测量重物和蜡块一起没入水中时称衡，相应的砝码质量为 m_3；

（4）计算蜡块的密度。

将测量和计算结果填入表 2-3。

表 2-3 不规则物体密度的测定（密度小于水的物体）

质量 m （ ）	质量 m_2 （ ）	质量 m_3 （ ）	密度 ρ （ ）	相对误差 $\delta=\dfrac{\lvert\rho_测-\rho_真\rvert}{\rho_真}\times100\%$

【参考数据】

铁、铝、蜡密度的理论值：

$\rho_铁 = 7.8\ \mathrm{g \cdot cm^{-3}}$

$\rho_铝 = 2.7\ \mathrm{g \cdot cm^{-3}}$

$\rho_蜡 = 0.9\ \mathrm{g \cdot cm^{-3}}$

$\rho_铜 = 8.96\ \mathrm{g \cdot cm^{-3}}$

【注意事项】

（1）要区分好密度公式中的各个质量。

（2）物理天平感量的含义——感量也称为分度值，即最小刻度值。WL-0.5 型：0.02 g，WL-1 型：0.05 g。

（3）所称物体的质量：$m_物体 = m_砝码 + m_游码$

（4）实验做完后，把平衡稍微调乱，整理好仪器。

【回答问题】

（1）物理天平的安装步骤是什么？

（2）正确使用天平的四句话是什么？

（3）如果实验的液体不是水而是煤油，实验结果会有什么不同？

（4）测量蜡块的密度时，为什么没有计入下面悬挂重物的质量？体会一下此方法的巧妙构思。

附：WL 型物理天平（图 2-4）使用说明

一、校水平：将天平尽可能放在温度正常的室内及稳固的台桌上，观察是否水平，将水平螺丝旋动，务使水准泡调至中心为止。

二、装横梁：将横梁放置在支架上，注意横梁左右两端"1""2"符号，然后将挂钩、挂篮、托盘按顺序装上，并将横梁上之游码移至最左侧的 0 点。

三、校平衡：将开关旋钮旋动，刀垫、横梁上升，指针在标牌前面移动，假使指针没有对正校牌"10"

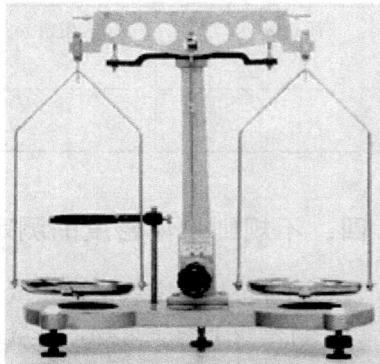

图 2-4 WL 型物理天平

格即不平衡，开关旋钮旋动，使刀垫、横梁下降后，旋动横梁左右两端的平衡螺丝，使指针对正 10 格为平衡。

四、天平使用时应放在稳固的台桌上，尽量避免震动与干扰，并要远离门窗，避免接近阳光、热源及潮湿蒸气等有害气体。

五、要保持天平各部零件清洁，天平上面的灰尘应用软的细毛刷、鹿皮或纯麻清除。

六、应将砝码、物体尽量置于盘之中央位置，不使天平开启后，秤盘摇摆。

七、加取砝码时，应使天平半闭后行之，砝码试重时不要马上将天平展开摆动，应轻慢转动开关旋钮，发现指针偏斜时，立刻将天平停下，再加减砝码。

八、天平包装搬动时应将横梁秤盘、刀垫等另行包扎，其他如支架、横梁等部分螺丝零件切不可自行拆开。

九、发现天平损坏或作用不正常时，应停止使用，修理送验合格后再用。

本天平感量及允差经检验符合表 2-4 规定标准。

表 2-4　WL 型物理天平基本参数

型号	最大称平/g	感量/mg	不等臂偏差/分度	示值变动性误差/分度	游码质量误差/mg
WL-0.5 型	500	20	3	1	+20
WL-1 型	1 000	50	3	1	+50

实验三　气垫导轨的使用

【实验目的】

1. 学习气垫导轨的调整和使用；
2. 学习电脑计时器的使用方法；
3. 练习用气垫导轨测速度、加速度；
4. 测定重力加速度 g。

【预习要点】

1. A、B 计时方式的含义与区别。
2. 如何求速度 v 和加速度 a？
3. 如何安装挡光片和挡光框？
4. 如何进行气垫导轨的静态调平和动态调平？

【仪器和用具】

气垫导轨、电脑计时器、游标卡尺、气源等。

【实验原理】

一、气垫导轨

气垫导轨是应用气垫原理进行力学实验的装置。它的主体是一根水平放置的三角形的空心铝质材料，一端密封，另一端为通气口，由气源供气，其形状如图 3-1 所示。气轨的两个表面钻有许多按一定规律排列的小孔，气源供气后空气从小孔喷出，这样在气轨和滑块之间形成气垫，滑块就悬浮在这层气垫上。

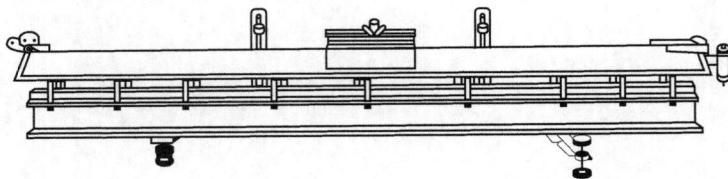

图 3-1　气垫导轨

由于气垫的形成消除了导轨对滑块的机械摩擦，滑块就可以在导轨上做近似无摩擦的运动，从而能够较好地研究物体的运动规律和测定物体的速度及加速度。

二、电脑计时器

电脑计时器是配合气垫导轨进行测量时必要的计时仪器，常用的计时方式有两种：A 方式和 B 方式。A 方式记录的是从光断到光通的时间，B 方式记录的是从第一次光断到第二次光断的时间。若使用北京青锋仪器厂生产的 MUJ-Ⅲ型电脑计时器进行计时，使用 A 方式时按 T/2 键，使用 B 方式时按 At 键。若使用 MUJ-4B 型电脑计时器进行计时，使用 A 方式时选 S1，使用 B 方式时选 S2。了解电脑计时器的计时方式的不同区别，我们就可以根据不同的要求，选用挡光片或挡光框，对应选用正确的计时方式，从而较准确地测量物体运动的速度及研究物体运动的规律。

三、速度及加速度的测量

要想很好地使用气垫导轨，调整气轨的平衡是很重要的，调整方法如下：

1. 静态调平

将滑块放在未送气的气轨面上，把水平仪放在滑块平面上，调节支点螺钉，使水平仪的小气泡位于中间小圈内，左右移动滑块，气泡位置无较大的变化时，即可认为静态调平。

2. 动态调平

把两个光电门装在导轨上，接通电脑计时器电源，同时给气轨送气，使滑块从气轨一端向另一端运动，先后通过两个光电门 G_1 和 G_2，从电脑计时器上记下挡光片通过光电门 G_1 和 G_2 所用时间 Δt_1 和 Δt_2，调节支点螺钉使 $\Delta t_1 = \Delta t_2$，则可认为导轨调平，可以进行下一步测量。

适当调节"复位"旋钮，使电脑计时器及时复零，以备下一次读数，但又不影响第一次读取数据为好。

一般电脑计时器会自动复位，有必要时也可以手动复位。

3. 将导轨一端垫上垫块，让滑块自高端向低端自由下滑（如图 3-2）

电脑计时器采用 B 方式计时，滑块上装挡光框，挡光框的计时宽度 Δx 为两个前沿之间的宽度，如图 3-3 所示。测出挡光框通过两个光电门 G_1、G_2 的时间 Δt_1 和 Δt_2，则有速度

$$v_1 = \frac{\Delta x}{\Delta t_1} \tag{3-1}$$

$$v_2 = \frac{\Delta x}{\Delta t_2} \tag{3-2}$$

再量出两个光电门 G_1 和 G_2 之间的距离 S，则有

$$a = \frac{v_2^2 - v_1^2}{2S} \tag{3-3}$$

测出两个支点之间的距离 L 和垫块高度 H，则可知加速度理论值 $a_{理} = \frac{H}{L}g$，g 的南宁公认值取 9.788 m/s^2，将 a 与 $a_{理}$ 相比较则可求出相对误差，所得数值填入表 3-1，要求重复 3 次求平均值。

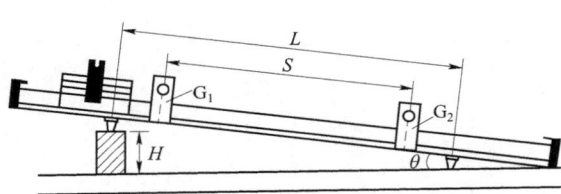

图 3-2　垫高的气垫导轨　　　　　　　　　　　　图 3-3　挡光框

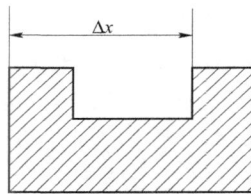

4. 测重力加速度

同上面步骤，在求出 a 后，测出 L 及垫块的高度 H。可由下式：

$$g = aL/H$$

即可求出重力加速度 g，并与 $g_{南宁} = 9.788 \text{ m/s}^2$ 相比较求出相对误差。

【数据处理】

表 3-1　数据记录表

$L=$ 　　　　，$H=$ 　　　　，$\Delta x=$ 　　　　，

	Δt_1 （　）	$v_1 = \dfrac{\Delta x}{\Delta t_1}$ （　）	Δt_2 （　）	$v_2 = \dfrac{\Delta x}{\Delta t_2}$ （　）	S （　）	$a = \dfrac{v_2^2 - v_1^2}{2S}$ （　）	$\bar{a}$ （　）
1							
2							
3							
$a_{理} = Hg/L =$　　　　（　）				相对误差 $\delta = \dfrac{\|a - a_{理}\|}{a_{理}} \times 100\% =$			
$g_{测} = aL/H =$				相对误差 $\delta = \dfrac{\|g_{测} - g_{南宁}\|}{g_{南宁}} \times 100\% =$			

注："（　）"里填写单位。　　　　　　　　　　　　　　　　　　　　　　　ms 挡

【注意事项】

（1）滑块要轻放，不能让滑块掉下，造成滑块的变形。

（2）严禁无气时用手推动滑块，以免损伤滑块和轨面。

（3）断开气源前先拿下滑块，避免惯性造成导轨损伤。

（4）推动滑块时不要用力过大，沿着导轨给滑块一个合适的水平推力即可。

（5）实验做完后，把平衡稍微调乱，整理好仪器。

【回答问题】

（1）在测量 Δt_1 和 Δt_2 时，若采用 A 方式，则应装上 _____ ，若采用 B 方式计时，则应装上 _____ 。

（2）Δx 和 H 应取几位有效数字才符合要求？为什么？请用有效数字理论去分析。

实验四 验证机械能守恒定律

【实验目的】

1. 进一步熟悉气垫导轨的调整和使用;
2. 验证机械能守恒定律。

【预习要点】

1. 弄清实验原理。
2. 如何求动能的增量和重力势能的增量?
3. 如何求滑块下降的高度 h?

【仪器和用具】

气垫导轨、电脑计时器、气源、天平、游标卡尺等。

【实验原理】

物体的能量是由它的状态确定的,不能直接测出能量的数值。我们用天平称出滑块的质量 m,借助于气垫导轨,利用电脑计时器计时,测出速度 v 和下落的高度 h。然后计算出动能和重力势能,从而看出它们之间的变化关系。

验证机械能守恒的方法有多种,我们选择的是将导轨的一端垫高,让滑块从倾斜的导轨自由下滑的方法。当滑块从第一个光电门 G_1 处运动到第二个光电门 G_2 处时,滑块下降的高度是 h,重力势能减少了 $\Delta E_p = mgh$,而动能却增加了 $\Delta E_k = \frac{1}{2}mv_2^2 - \frac{1}{2}mv_1^2$,根据机械能守恒定律,$\Delta E_p = \Delta E_k$,即 $mgh = \frac{1}{2}mv_2^2 - \frac{1}{2}mv_1^2$

v_1,v_2 分别为滑块经过第一个和第二个光电门处的速度,其测定方法如实验三(采用 B 方式,用挡光框遮光)。再用两个三角形相似的原理,如图 4-1 所示,可知 $h = \frac{H}{L}S$,其中 H 为垫块高度,L 为导轨上两支承点之间的距离,S 为 G_1 和 G_2 之间的距离。

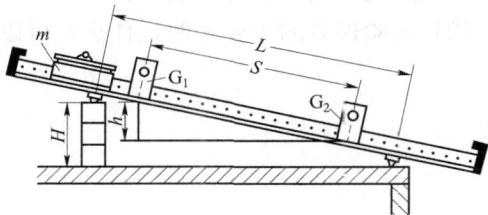

图 4-1 气垫导轨

【实验内容】

(1) 用天平称出滑块连挡光框的质量 m。

(2) 测出两支承点之间的距离 L,两光电门 G_1 和 G_2 间距 S 及垫块高度 H。

(3) 让滑块自由下滑,测出挡光框经过 G_1 和 G_2 所用的时间 Δt_1 和 Δt_2 求出 v_1 和 v_2,用 $h = \frac{H}{L}S$ 求出 h,$\Delta E_p = \Delta E_k$ 验证机械能守恒定律。

(4) 改变垫块的高度,重复上面步骤,共做三次,将数据填入表 4-1。

【数据处理及结论】

表 4-1 验证机械能守恒定律

$m=$　　　(kg)，$\Delta x=$　　　(m)，$L=$　　　　(m)
$S=$　　　(m)，B方式　　　　ms挡

垫块高度 H/m	时间		$\Delta E_k=\dfrac{1}{2}m\,(v_2^2-v_1^2)$			$\Delta E_p=mgh$ $=mg\dfrac{H}{L}S$ (J)	相对误差 $\delta=$ $\dfrac{\lvert \Delta E_k-\Delta E_p\rvert}{\Delta E_p}\times 100\%$ (%)
	Δt_1 (s)	Δt_2 (s)	$v_1=\dfrac{\Delta x}{\Delta t_1}$ (m·s^{-1})	$v_2=\dfrac{\Delta x}{\Delta t_2}$ (m·s^{-1})	ΔE_k (J)		

结论：

【注意事项】

（1）垫高 H 应在 2～3 cm 即可。若调平时单脚螺丝下面垫有脚垫则应把垫块放在脚垫上面。

（2）不用称质量 m。

（3）滑块要轻放，不能让滑块掉下来。

（4）严禁无气时用手推动滑块，以免损伤滑块和轨面。

（5）断开气源前先拿下滑块，避免惯性造成导轨损伤。

（6）实验做完后，把平衡稍微调乱，整理好仪器。

【回答问题】

（1）若不从导轨的起点来研究，而任意选择起点，也能验证机械能守恒定律吗？请你试试看起点不同，结果有什么差别？

（2）实验误差的主要来源是什么？可以用什么办法来减少误差？

实验五　验证动量守恒定律

【实验目的】

1. 进一步熟悉气垫导轨的调整和使用；
2. 验证动量守恒定律；
3. 了解完全弹性碰撞和非完全弹性碰撞的特点。

【预习要点】

1. 如何安装弹簧片才能达到弹性碰撞？才符合要求？
2. 电脑计时器的碰撞功能键 PZH 是如何计时的？
3. 如何保证静止滑块 $v_{20}=0$？

【仪器和用具】

气垫导轨、电脑计时器、气源、弹簧片、尼龙扣、天平。

【实验原理】

动量守恒定律指出，如果一个物体系所受的合外力为零，则物体系的总动量保持不变。若物体系受的合外力不为零，但合外力在某方向的分量为零，则此物体系的总动量在该方向的分量守恒。

本实验研究两个滑块在水平气轨上沿直线碰撞，若摩擦力忽略不计，滑块沿水平方向将不受力，而重力沿水平方向的分力为零，因此动量守恒。

如图 5-1 所示，A、B 两滑块的质量分别为 m_1、m_2，碰撞前后的即时速度分别为 v_{10}、v_{20}、v_1、v_2，根据动量守恒定律有

$$m_1 v_{10} + m_2 v_{20} = m_1 v_1 + m_2 v_2 \qquad ①$$

令 B 滑块的初速度为零（$v_{20}=0$），则

$$m_1 v_{10} = m_1 v_1 + m_2 v_2 \qquad ②$$

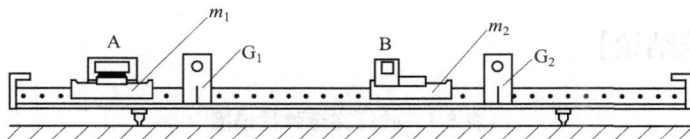

图 5-1　气垫导轨

在上述情况下，其他条件都不变，只使完全弹性碰撞变为完全非弹性碰撞（即把滑块一端的弹簧换成尼龙扣），此时 A、B 两滑块碰撞后并不分开而是黏附在一起以同一速度 v 运动，根据动量守恒定律有：

$$m_1 v_{10} + m_2 v_{20} = (m_1 + m_2) v \qquad ③$$

同样令 $v_{20}=0$，则上式为

$$m_1 v_{10} = (m_1 + m_2)v \tag{④}$$

以上所讨论的 A、B 两滑块之间不论是完全弹性碰撞或是完全非弹性碰撞，它们沿水平导轨方向所受到的合外力都为零，所以动量都是守恒的。完全弹性碰撞时，相互作用的力是保守力，碰撞后物体完全恢复原状。可以证明不但动量守恒，而且动能也是守恒的。完全非弹性碰撞时，相互作用力是耗散力，碰撞后将留下剩余形变，动能有所损失，即动能有一部分转变为其他形式的能量。可以证明，此时动量仍然守恒，但动能不守恒。

【实验内容】

一、实验前的准备工作

（1）清洁导轨及滑块表面，使电脑计时器正常工作，将气垫导轨调成水平状态。

（2）用天平称量如下物体的质量：滑块（连挡光框、弹簧片或尼龙扣）m_1、m_2。

二、验证完全弹性碰撞

（1）将两个光电门固定在导轨中部的适当位置，使 B 滑块在两光电门中间静止不动，即 $v_{20}=0$。

（2）在滑块两端装上弹簧片，记下滑块（连挡光框、两弹簧片）的总质量 m_1、m_2。

（3）接通电脑计时器电源，给气轨送气，使滑块从气轨的右端向左端运动，迅速记下滑块 A 通过光电门 1 的时间 Δt_{10}，再观察碰撞后滑块 A、B 的运动情况，并迅速记下它们通过光电门的时间 Δt_1 和 Δt_2。

（4）重复以上步骤，共做三次，分别验证每次动量是否守恒。

三、验证完全非弹性碰撞

（1）在滑块碰撞端装上完全非弹性碰撞器（尼龙扣），记下滑块（连挡光框、一弹簧片、一尼龙扣）的总质量 m_1、m_2。

（2）按照完全弹性碰撞的实验过程，观察碰撞后滑块的运动情况，先后记下碰撞前 A 通过光电门 1 的时间 Δt_0、碰撞后两滑块黏附在一起以同一速度通过光电门 2 的时间 Δt。

（3）重复上述方法再做两次，分别验证每次动量是否守恒。

【数据处理及结论】

表 5-1　验证完全弹性碰撞

令 $v_{20}=0$，B方式　　　　　　　　　　　　　　　ms 挡

碰撞要求	项目条件 次别	$m_1=$			$m_2=$		$\Delta x=$				
		Δt_{10} ( )	Δt_1 ( )	Δt_2 ( )	$v_{10}=\dfrac{\Delta x}{\Delta t_{10}}$ ( )	$v_1=\dfrac{\Delta x}{\Delta t_1}$	$v_2=\dfrac{\Delta x}{\Delta t_2}$	$p_0=m_1 v_{10}$ ( )	$p=m_1 v_1+m_2 v_2$ ( )	$\Delta p=p-p_0$ ( )	$\delta=\dfrac{\vert \Delta p\vert}{p_0}$ (%)
大碰	1										
小	2										

续表

碰撞要求	项目条件＼次别	Δt_{10} ( )	Δt_1 ( )	Δt_2 ( )	$v_{10}=\dfrac{\Delta x}{\Delta t_{10}}$ ( )	$v_1=\dfrac{\Delta x}{\Delta t_1}$	$v_2=\dfrac{\Delta x}{\Delta t_2}$	$p_0=m_1v_{10}$ ( )	$p=m_1v_1+m_2v_2$ ( )	$\Delta p=p-p_0$ ( )	$\delta=\dfrac{|\Delta p|}{p_0}$ (%)
	$m_1=$		$m_2=$		$\Delta x=$						
小碰大	3										
	4										

（注意小碰大时，返回 v 为负，m_1 为小滑块的质量）

碰撞前动能 $E_{k0}=\dfrac{1}{2}m_1v_{10}^2=$

碰撞后动能 $E_k=\dfrac{1}{2}m_1v_1^2+\dfrac{1}{2}m_2v_2^2=$

动能损失比例$\dfrac{\Delta E_k}{E_{k0}}=1-\dfrac{E_k}{E_{k0}}=$

结论：

表 5-2　验证完全非弹性碰撞

令 $v_{20}=0$，B 方式　　　　　　　　　　　ms 挡

碰撞要求	项目条件＼次别	Δt_0 ( )	Δt ( )	$v_{10}=\dfrac{\Delta x}{\Delta t_0}$ ( )	$v=\dfrac{\Delta x}{\Delta t}$ ( )	$p_0=m_1v_0$ ( )	$p=(m_1+m_2)v$ ( )	$\Delta p=p-p_0$ ( )	$\delta=\dfrac{|\Delta p|}{p_0}$ (%)
	$m_1=$		$m_2=$	$\Delta x=$					
大碰小	1								
	2								
	$m_1=$	$m_2=$		$\Delta x=$					
小碰大	3								
	4								

碰撞前动能 $E_{k0}=\dfrac{1}{2}mv_0^2=$

碰撞后动能 $E_k=\dfrac{1}{2}(m_1+m_2)v^2=$

动能损失比例$\dfrac{\Delta E_k}{E_{k0}}=1-\dfrac{E_k}{E_{k0}}=$

结论：

【注意事项】

（1）滑块安装（包括挡光框、弹簧、尼龙扣等）好后再称其质量，不用分开称。

（2）静止滑块应放在靠近光电门，以达到碰撞后立刻通过光电门。

（3）以小滑块碰大滑块时，返回速度 v 为负。

（4）弄清 Δt_{10}、Δt_1、Δt_2 对应电脑计时器中的时间和滑块的速度。

（5）完全非弹性碰撞实验两滑块相碰后取最先通过光电门的那个滑块的时间。

【回答问题】

（1）实验用滑块的两端需同时装上碰撞器（弹簧片或尼龙扣），能否只在一端装上碰撞器，为什么？

（2）等质量（$m_1 = m_2$）、两种非等质量（$m_1 > m_2$ 或 $m_1 < m_2$）的完全弹性碰撞都能验证动量守恒定律吗？请你试做后找出它们的差别。

（3）用气轨验证动量守恒定律的实验误差的主要来源是什么？完全弹性碰撞的动能还是有所损失，为什么？

实验六　测定弹簧振子的振动周期

【实验目的】

1. 研究在弹簧振子质量和弹簧劲度系数不变时，振动周期与其振幅的关系。
2. 通过实验加深对简谐振动周期公式中各物理量含义的理解。

【预习要点】

1. 实验前要认真阅读气垫导轨使用说明书，熟悉电脑计时器的操作方法。
2. 弹簧振子的运动是一种什么运动？
3. 弹簧振子的振动周期 T 与什么因素有关？

【实验仪器与用具】

气垫导轨仪器（含光电门、滑块、挡光片、挡光框等）、气源、电脑计时器、砝码、轻质弹簧。

【实验原理】

根据简谐振动的运动学方程 $x = A\cos(\omega t + \varphi_0)$，可知振动物体的位移是时间的周期函数，可证明其周期大小为：

$$T = \frac{2\pi}{\omega} = 2\pi\sqrt{\frac{m}{k}} \tag{6-1}$$

式中 T 称为弹簧振子的固有周期，m 为振子质量，k 为弹簧的劲度系数。

【实验内容】

实验装置如图 6-1 所示。具体的实验过程如下：

（1）将弹簧的一端固定在气垫导轨的堵板上，另一端拴在滑块上，使之构成一个弹簧振子。

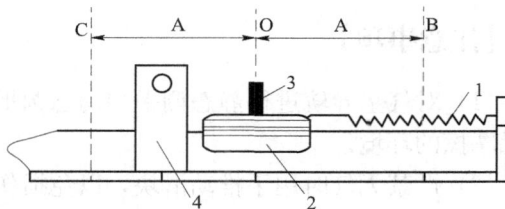

图 6-1　实验装置
1—弹簧；2—滑块；3—挡光片；4—光电门

（2）将电脑计时器计时功能开关置于"T"挡，时间选择开关置于"ms"挡。连接好两个光电门与电脑计时器的接线，将一个光电门置于弹簧振子的外测导轨上，并靠近滑块放置，在滑块上安装上挡光片，另一个光电门放在实验桌上。

（3）打开气源开关，给气垫导轨供气，压缩（或拉长）弹簧，则在近似无摩擦环境下，弹簧振子的运动是简谐振动。调整好光电门位置，使弹簧振子振动时滑块上的挡光片能经过光电门。

（4）清零电脑计时器，从平衡位置右侧最大位移 B 处释放滑块，当滑块向左经过光电门挡光时，计时器开始计时；当滑块从 C 位置向右返回平衡位置过程中，第二次经过光电门挡光时，计时器再次记时；当滑块又向左运动第三次经过光电门挡光时，计时器停止记时。这时弹簧振子正好完成了一个全振动，计时器上显示的时间就是弹簧振子的振动周期 T。

（5）确定平衡位置求振幅：在给气垫导轨通气状况下，待弹簧振子静止后，记下平衡位置刻度标为 x_0。（一般以滑块中点为参考点，该点所对齐的导轨刻度为 x_0）。然后压缩（或拉长）弹簧使滑块中点至 B 位置，则该处导轨刻度为 x_1 处，此时，振幅度 $A=|x_1-x_0|$。

（6）改变弹簧振子的振幅，即压缩（或拉长）弹簧让滑块中点至导轨刻度的 x_2、x_3、x_4、x_5 处，分别测出不同振幅下的振动周期，这样重复测量多次取平均值作为振动周期 T 的测量值，把实验结果填在表 6-1 内。

【数据处理和结论】

表 6-1　数据记录表

实验条件	x_0/mm	x/mm	振幅 A/mm	周期 T/s
滑块质量 m $m=$ 弹簧劲度系数 k $k=$				

将滑块质量 m 和弹簧劲度系数 k 代入式（6-1）算出振动周期理论值 $T_{理}$，与实验测量的振动周期值 $T_{测}$ 相比较，计算其相对误差。

由此可得出结论：当弹簧振子的质量及弹簧的劲度系数保持不变时，弹簧振子的振动周期 T 与振幅 A 无关。

【注意事项】

（1）对气垫导轨进行静态调平和动态调平，检查气源供气状况，确保能创造在导轨上近似无摩擦的环境。

（2）严禁无气时用手推动滑块，以免损伤滑块和导轨。

【回答问题】

（1）如图 6-1，若在滑块上放置一砝码，让其做简谐振动，则振动周期将如何变化？

（2）本实验我们对系统做了理想化的假设（如认为弹簧本身的质量与振子的质量 m 相比小到可以忽略的程度等等）。通过实验你能找出影响振动周期的若干因素吗？

（3）测量周期时，光电门摆放在不同的位置：平衡点、接近起始点和远离起始点时对周期测量结果有何影响？为什么？

实验七　研究有固定转动轴的物体的平衡条件

【实验目的】

1. 研究有固定转动轴物体平衡的条件。
2. 通过实验加深对力矩概念的理解。
3. 通过实验操作要求学会力臂的测量方法。

【预习要点】

1. 有固定转动轴物体的平衡条件是什么？
2. 有固定转动轴的物体转动时，转动效果由哪些因素决定？
3. 实验时，力矩盘的平面应在什么平面内？弹簧测力计的轴线应与所拉的细线在什么位置上？

【实验仪器与用具】

力矩盘（带有金属轴的圆木板）、三角板（一边带有刻度）、弹簧秤、几个等质量的钩码、带有铁夹的铁架台、带有几个套环的横杆、大头针、两端有套环的丝线四条。

【实验原理】

有固定转动轴的物体处于平衡状态（即静止或匀速转动状态）时，施加在该物体上所有力的力矩应当满足的条件为：$M_顺 = M_逆$。其中 $M_顺$ 和 $M_逆$ 分别表示从转动轴的一个方向看，能引起物体沿顺时针方向和逆时针方向转动的所有力矩之和。

【实验内容】

（1）如图 7-1 所示，将力矩盘和一横杆安装在支架上，使盘可绕水平轴自由灵活地转动，调节盘面使其在竖直平面内。在盘面上贴一张白纸。

（2）取四枚图钉，将四根细线固定在盘面上，固定的位置可任意选定，但相互间距离不可取得太小。

（3）在三根细绳的末端挂上不同质量的钩码，第四根细绳挂上测力计，测力计的另一端挂在横杆上，使它对盘的拉力斜向上方。待力矩盘静止后，在白纸上标出各悬线的悬点和悬线的方向，即作用在力矩盘上各力的作用点和方向。标出力矩盘轴心的位置。

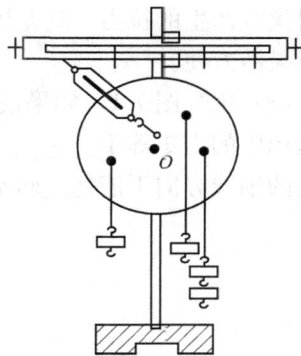

图 7-1　力矩盘

（4）取下白纸，量出各力的力臂 L 的长度，将各力的大小 F 与对应的力臂值记在表 7-1内（填写时应注明力矩 M 的正、负号，顺时针方向的力矩为负，逆时针方向的力矩为正）。

（5）改变图钉位置，重复实验一次。

【数据处理和结论】

把实验结果记在表 7-1 内并计算出各个力的力矩以及力矩和。

表 7-1　实验数据记录表

顺时针方向				逆时针方向			
力	力臂	力矩	力矩和	力	力臂	力矩	力矩和

由此可得出如下结论，有固定转动轴物体的平衡条件是：$M_顺 = M_逆$。

【注意事项】

（1）实验前要检查力矩盘是否在任何位置都能平衡，如果达不到这个要求表明盘的重心偏离转轴，必须另加配重，校正后方能使用。

（2）由于弹簧秤的测量精度要比钩码的精确度低，因此在实验中应该使弹簧秤的读数尽量大一些（也就是拉力要大一些，但不能超过弹簧秤的量度）。

（3）转盘平衡时，要使各力的力臂不能太小，否则将增大测量力臂的相对误差。

（4）实验时，应该用手扶持弹簧秤，以减小因自重下垂而带来的误差。

【回答问题】

（1）如图 7-1 所示，如将力矩盘上左侧的一个钩码撤去，力矩盘将向＿＿＿＿＿＿方向转动。

（2）这个实验中作用在力矩盘上的力有四个，其中有一个是弹簧秤的弹力，而不全是钩码对丝线产生的拉力，这是因为弹簧秤拉力的大小不受＿＿＿＿＿＿的限制，这样做可以使实验灵活方便。

（3）观察图 7-1，如果被弹簧秤拉紧的细线方向通过转动轴 O，那么弹簧秤的拉力对力矩盘产生的力矩等于＿＿＿＿＿＿，该力对力矩盘转动将不起作用，所以在实验中被弹簧秤拉紧的细线方向不能通过转动轴 O。

实验八　单摆法测重力加速度

重力加速度是一个很重要的物理常量，它反映了地球表面物体受的地球引力，并且能反映出地表附近的地矿信息。

【实验目的】

1. 学会用单摆测定重力加速度的方法。
2. 学习用累计放大法提高测量精度。
3. 研究单摆的周期与单摆的长度、摆动角度之间的关系。
4. 学会用作图法处理数据。

【预习要点】

1. 测量 g 值时应满足哪些条件？实验如何保证这些条件的实现？
2. 影响单摆法测量重力加速度 g 精度的主要因素有哪些？
3. 若摆长 $L = 100$ cm，摆角 $\theta = 5°$，试估算摆幅的水平位移有多大？会对周期的测量产生多大影响？对 g 的测量产生多大影响？$\theta = 10°$ 时又怎样？

【实验仪器与用具】

游标卡尺、米尺、秒表、支架、细线（尼龙线、漆包线、细金属线）、钢球。

【实验原理】

把一个金属小球拴在一根不能伸长的轻质细线下端，如果细线的质量比小球质量小很多，而球的直径又比细线的长度小很多，则装置可看作是一个不计质量的细线系住一个质点。将悬挂的小球（摆球）自平衡位置拉至一边（很小距离，摆角 $\theta < 5°$），然后释放，摆球即在平衡位置左右往返作周期性摆动，这种装置称为单摆，如图 8-1 所示。

摆球所受的合力 F 是重力和绳子张力的合力，指向平衡位置。

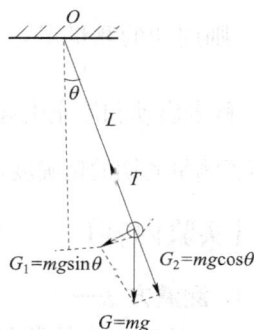

图 8-1　摆球受力示意图

当摆角很小时（$\theta < 5°$），圆弧可以近似看成直线，合力 F 也可以近似地看作沿着这一直线。设摆长为 L，小球位移为 x，质量为 m，则

$$\sin\theta \approx \frac{x}{L}$$

$$F = G_1 = mg\sin\theta = -mg\frac{x}{L} = -m\frac{g}{L}x \tag{8-1}$$

由 $F = ma$，可知，$a = -\dfrac{g}{L}x$。

单摆在摆角很小时的运动，近似地为简谐振动，式中负号表示 F 与位移 x 方向相反。

比较谐振公式：$a = \dfrac{F}{m} = -\omega^2 x$

可得
$$\omega = \sqrt{\dfrac{g}{L}}$$

于是单摆运动的周期为

$$T = \dfrac{2\pi}{\omega} = 2\pi\sqrt{L/g} \tag{8-2}$$

$$T^2 = \dfrac{4\pi^2}{g}L \tag{8-3}$$

或

$$g = 4\pi^2 \dfrac{L}{T^2} \tag{8-4}$$

若利用摆角很小的单摆，测量出它的周期 T 与摆长 L，便可间接地测出重力加速度 g。其中摆长 L 为悬点到金属球中心的距离，悬点到金属球顶部的距离为 l，金属球的直径为 d，

故
$$L = l + \dfrac{d}{2}$$

一般作单摆实验时，采用某一固定摆长 L，精密地多次测量周期 T 代入式（8-4），即可求得当地的重力加速度 g。若测出不同摆长 L_i 下的周期 T_i，作 $T_i^2 - L_i$ 关系曲线，所得结果为一直线，这就证明了单摆的振动为谐振动，它的周期随摆长的变化满足式（8-1），由直线的斜率可求出当地的重力加速度 g。从理论上讲，式（8-3）所表示的直线应通过坐标原点，实际所得直线若不通过原点，说明它有系统误差存在。

设秒表启动和停止引起的计时误差为 Δt，如果直接测量周期 T（来回摆动一次的时间），则周期的测量误差为 $\dfrac{\Delta t}{T}$；如果根据摆动周期的等时性，测量来回摆动 n 次时间 t，$t = nT$，秒表启动和停止引起的计时误差仍为 Δt，测量误差变为 $\dfrac{\Delta t}{nT}$，当 n 较大时，$\dfrac{\Delta t}{nT} \ll \dfrac{\Delta t}{T}$，从而提高了测量周期的精确度，$n$ 愈大，测量的精确愈高。这种方法称为积累（累计）放大法。

【实验内容】

1. 测量方法一

（1）用游标卡尺测量金属球的直径 d。

（2）调整悬线的长度使摆长 L 为 80 cm 左右。

（3）用米尺测量线的长度 l。

（4）拉起摆球（注意摆球离开平衡位置不得超过 4 cm），放手后任其摆动。先让摆球来回摆动数次，确认摆球在一铅垂平面内摆动，然后选择摆球经过平衡位置的某一瞬间开始计时，记下摆球完成 50 次振动的时间 T_{50}，求出周期 $T = \dfrac{T_{50}}{50}$。

（5）重复测量 3 次，计算出重力加速度 g。

2. 测量方法二

（1）分别测出摆长为 65 cm、70 cm、80 cm、90 cm、100 cm 时的 T_{50}，并算出相应摆长下的 T^2。

（2）以摆长 L 为横轴，T^2 为纵轴，作 T^2-L 曲线，求出该曲线的斜率 k，再由公式 $g=\dfrac{4\pi^2}{k}$ 计算出重力加速度 g。

【数据处理与结果】

1. 测量方法一

表 8-1　数据记录表

测量序号	d/m	l/m	L/m	T_{50}/s	T/s	$g/(m \cdot s^{-2})$	$\overline{g}/(m \cdot s^{-2})$	相对误差 δ
1								
2								
3								

注：g 的南宁公认值取 $9.788\ m \cdot s^{-2}$。

2. 测量方法二

表 8-2　数据记录表

L/m					
T_{50}/s					
T^2/s					

结果：$k=$ ＿＿＿＿＿＿＿＿＿＿＿＿＿＿＿ ，$g=$ ＿＿＿＿＿＿＿＿＿＿＿＿＿＿＿ 。

【注意事项】

（1）单摆悬线的上端不可随意卷在铁夹的杆上，应夹紧在铁夹中，以免摆动时发生摆线下滑、摆长改变的现象。

（2）注意摆动时控制摆线偏离竖直方向不超过 $5°$（最好 $3°$ 以下），可通过估算振幅的办法掌握。

（3）摆球摆动时，要使之保持在同一个竖直平面内，不要形成圆锥摆。

（4）应尽量避免门窗进风和人走动的气流，以免影响摆的振动。

（5）计算单摆的振动次数时，应以摆球通过最低位置时开始计时，以后摆球从同一方向通过最低位置时，进行计数，且在数"零"的同时按下秒表，开始计时计数。

（6）秒表轻拿轻放，切勿摔碰。实验完毕，松开秒表发条。

【思考题】

（1）在测定周期时，为何不直接测出完成一次振动所需的时间？

（2）振幅大小对测量有何影响？

（3）金属球的大小对测量有何影响？

（4）如果实验做出的 T^2-L 曲线为一直线，说明什么问题？如果不为一直线呢？如果直线不通过坐标原点，说明什么？

实验九　研究物体的平衡条件

【实验目的】

1. 研究没有固定转动轴的一般物体的平衡条件。
2. 进一步加深对力矩概念的理解。
3. 进一步加深对合力为零和合力矩为零的理解。

【预习要点】

1. 一般物体的平衡条件是什么？
2. 一般物体应如何选取转动轴？
3. 如何计算各力的力矩？

【实验仪器与用具】

圆形测力计（2 个）、方座支架（2 套）、轻质木梁（自制）、钩码（3 组）、线绳等。

所用木梁，长约 60 cm，横截面为正方形（边长约 2 cm），在侧面画上九条等距离的刻线。

【实验原理】

没有固定转动轴的物体在非共点力作用下的平衡，称之为一般物体的平衡。通常情况下，物体在受到力的作用时，既可能发生移动，又可以发生转动或同时发生移动和转动。因此，物体的一般平衡必须同时满足式（9-1）和式（9-2），即

$$\begin{cases} \sum \boldsymbol{F}_i = 0 & (9\text{-}1) \\ \sum M_i = 0 & (9\text{-}2) \end{cases}$$

一般物体没有固定转轴，可以任意选取。如何选取，原则上选取有较多未知力的作用线通过的点作为转轴，这样可以减少所列方程的个数，并使未知量数目减少。物体的一般平衡条件对一切处于平衡状态的物体是普遍成立。共点力作用下物体的平衡和有固定转轴物体的平衡这两类平衡只不过是从一般平衡问题中划分出来的两种特殊情况。

【实验内容】

（1）按图 9-1（a）装置仪器。在圆形测力计的测杆上端装上该套仪器所附的木质三角形支持架后，分别竖直向上支在木梁的 A 和 D 点。

（2）在 B、C、E 点分别挂上钩码（钩码应尽量多挂些，这样才能忽略梁的重，并使测力计有较大的示值），使梁水平平衡。

（3）记下此时测力计示数 F_1、F_4，钩码重量 F_2、F_3、F_5，A、B、C、D、E 各点间距离。

（4）按图 9-1（b）选各个力的作用点位置，计算 $F_1 + F_4$ 的值和 $F_2 + F_3 + F_5$ 的值，比

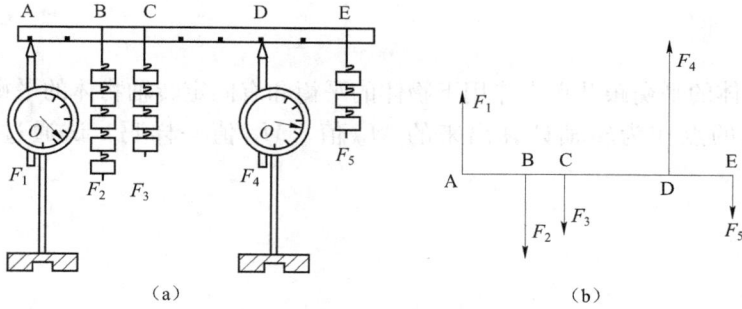

图 9-1　物体平衡条件

（a）实验装置图；（b）受力分析图

较这两个值。

（5）取任意一点为轴计算各个力对此轴的力矩（可分别取 A、B、C、D、E 为轴计算），然后分别计算所有向逆时针方向转动的力矩之和 $M_逆$，以及所有向顺时针方向转动的力矩之和 $M_顺$，比较 $M_逆$ 和 $M_顺$ 的值。

【数据处理与结论】

表 9-1　数据记录表

测量序号	F_1	F_2	F_3	F_4	F_5	F_1+F_4	$F_2+F_3+F_5$
1							
2							
3							

A、B、C、D、E 各点间距离分别为：_____。

以_____点为轴，把各力的力臂和力矩分别填入表 9-2。

表 9-2　数据记录表

	力	力臂	力矩	$M_逆$	$M_顺$
F_1					
F_2					
F_3					
F_4					
F_5					

结论：

【注意事项】

（1）A、B、C、D、E 各点应对应木梁上的刻度，这样就好计算各点间距离和力臂。

（2）各物理量的单位要统一成国际单位制的单位。

【思考题】

（1）一般物体的平衡跟共点力作用下物体的平衡和有固定转轴物体的平衡有什么不同？

（2）以不同的点作为转轴计算出来的 $M_逆$ 值、$M_顺$ 值一样吗？试通过实验测出数据计算。

实验十　验证匀速圆周运动的投影是简谐振动

【实验目的】

1. 通过简谐振动和匀速圆周运动在水平方向的投影之间的类比，说明简谐振动表达式中各量的物理意义。

2. 验证匀速圆周运动与简谐振动的一一对应关系。

【预习要点】

1. 什么是简谐振动？为什么简谐振动是匀速圆周运动的投影？

2. 认真阅读简谐运动与圆周运动等效演示仪的说明书，了解仪器的使用方法。

图 10-1　简谐运动与圆周运动等效演示仪

【实验仪器与用具】

使用商品编号为 XTY5120413 的简谐运动与圆周运动等效演示仪。此演示仪的外观如图 10-1 所示。其构造如图 10-2 所示，其中，(a) 为正视图，(b) 为侧视图。

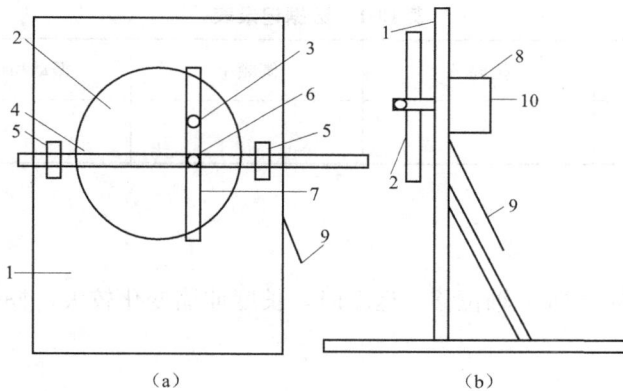

(a)　　　　　　　　　　　　(b)

图 10-2　演示仪构造图

1—支撑演示仪的竖直固定的长方形板；2—绕水平轴转动的圆盘；3—固定在圆盘上的带帽圆柱形棒（白色）；
4—沿水平方向位移的直杆；5—连在直杆上的圆孔；6—杆上固定另一带帽的圆柱形棒（红色）；
7—环形导轨；8—电动机，其轴与圆盘固定；9—导线；10—开关

【实验原理】

(1) 某质点在 x 方向做简谐振动时，其运动方程为：

$$x = A\cos(\omega t + \varphi_0) \tag{10-1}$$

(2) 如图 10-3 所示，某质点以角速度 ω 逆时针方向做匀速圆周运动时，设其运动半径为 R，初始角速度为 φ_0，则任一时刻运动到的角度为：$\omega t + \varphi_0$，它在 x 方向的分量为：

$$x = R\cos(\omega t + \varphi_0) \tag{10-2}$$

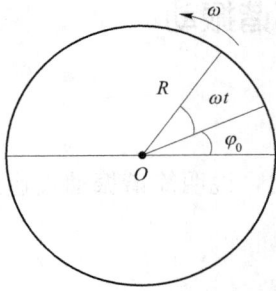

图 10-3　圆周运动示意图

比较（10-1）式和（10-2）式可以看出，一个做匀速圆周运动的物体在一个方向上的分量即为简谐振动。

【实验内容】

（1）将电源插头插入电压值为 220 V 交流电源插座上。

（2）接通电源开关。

（3）待演示仪的电动机缓慢转动后，注意观察各器件运动情况：可以看到演示仪通过主轴带动正面的圆盘以一定角速度沿竖直平面匀速转动，而固定在圆盘上的带帽圆柱棒（白色），则以相同的角速度绕轴心做匀速圆周运动，圆柱棒（白色）又带动竖直的环形导轨，通过环形导轨带动圆柱棒（红色）并推动沿水平方向（设为 x 轴）位移的直杆做来回往复运动。

（4）在上述运动过程中，可以看出做圆周运动的白色质点在水平轴（x 轴）的投影（红色质点）做的是简谐振动。其简谐振动的表达式符合（10-1）式。式中，振幅 A 与做匀速圆周运动的质点（白色点）的半径 R 对应，圆频率 ω 与圆周运动的角速度相等，而初相位 φ_0 与开始计时圆周运动的幅角（半径与水平轴 x 的夹角）对应。

【数据处理和结论】

将两种运动的观察结果做类比后填入表 10-1：

表 10-1　数据记录表

简谐振动	振幅 A	圆频率	振动相位	初相位
匀速圆周运动				

【注意事项】

因直杆沿水平方向（即 x 轴位移）运动时，长度伸缩变化较大，操作者实验时要小心，以免被碰着。

【回答问题】

通过实验得出结论，匀速圆周运动和简谐振动具有一一对应关系。用匀速圆周运动的质点对圆心位移的投影表示简谐振动的位移，从而得到简谐振动的位移表达式 $x = A\cos(\omega t + \varphi_0)$。你能用匀速圆周运动的速度和加速度的投影，来求解简谐振动的速度和加速度吗？写出其速度和加速度的表达式。

实验十一 万用电表的使用

【实验目的】

1. 了解万用电表的构造、原理；
2. 学习使用万用电表。

【预习要点】

1. 直流电流挡、电压挡电路的实质是什么？各量程是如何形成的？（即扩程原理是怎样的？）
2. 欧姆挡电路有何特点？电路中各元件的作用是什么？
3. 如何理解公式 $I_x = \dfrac{E}{R_g + R_w + R_0 + R_x}$？$I_x$ 和 R_x（或与表盘上的刻度值）的关系如何？I_x 与指针的偏转有什么联系？
4. 用万用电表测量 I、U、R_x 时应注意什么问题？

【仪器和用具】

万用电表、学生电源、电阻等。

【实验原理】

一、万用电表的基本结构和原理

万用电表的种类很多，一般的万用电表都由表头、转换开关和测量电路组成。表头是一个磁电式直流微安表，通过表内测量电路的转换能测量交直流电压、直流电流、电阻等。

下面以 500 型万用电表为例，简单介绍万用电表的直流电流挡、电压挡及欧姆挡，500 型万用电表的外形如图 11-1 所示。

图 11-1 500 型万用电表

1. 直流电流挡

当选择开关拨到 mA 挡时，万用电表可测直流电流，它们的量程是 $0\sim50~\mu A$、$0\sim1~mA$、$0\sim10~mA$、$0\sim100~mA$、$0\sim500~mA$。其内部电路简化如图 11-2 所示。其实质就是利用电阻与表头并联分流来形成各个量程。

2. 直流电压挡

当选择开关拨到 V 时，万用电表可测直流电压，它们的量程是 $0\sim2.5~V$、$0\sim10~V$、$0\sim50~V$、$0\sim250~V$、$0\sim500~V$。其内部简化电路如图 11-3 所示。它是运用串联电阻分压的原理形成各量程的。对于直流电压挡来说，原表头内阻与直流电流挡的电阻并联组成新的表头和新的表头内阻。

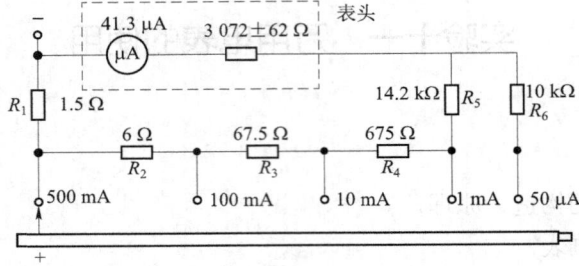

图 11-2   直流电流挡简化电路

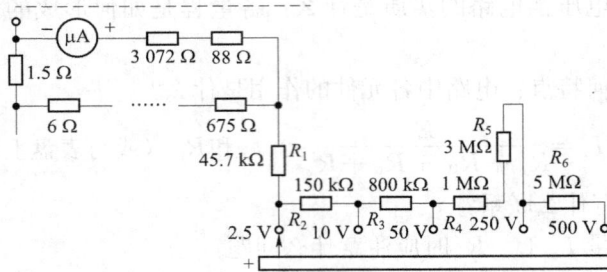

图 11-3   直流电压挡简化电路

3. 交流电压挡

当选择开关拨到 V～挡时，万用电表可测量交流电压，它们的量程是 $0\sim10\sim50\sim250\sim500V$。交流电压测量线路是利用整流器将交流电转换成直流电后进行测量。其变为直流后的测量原理与直流电压挡相同。

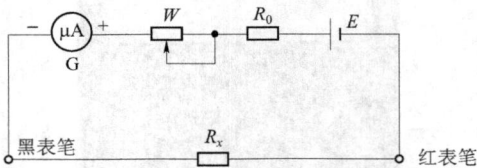

图 11-4   欧姆挡的测量线路简化图

4. 欧姆挡

欧姆挡的测量线路简化图如图 11-4 所示。测量电阻时，必须另外加电池，才能使电表的指针偏转，这是电阻挡不同于电流挡、电压挡的地方。电池 E、电阻 R_0、表头 G、调零电阻 W 和待测电阻 R_x 串联成一个闭合回路。由于 R_x 的大小不同，所以回路中电流的强弱也就随之改变，表头偏转角度也就不同，可通过表面上的不同刻度，读出 R_x 的值。电阻 R_0 是保护电阻，保护表头不因过流而烧坏。由于在实际使用中电池 E 的电压会逐渐下降，使 $R_x=0$ 时表头指针仍达不到满偏，R_x 的测量误差会很大。为消除这种误差，在欧姆表中装了零欧姆调整电阻 W。每次测量电阻之前，先将两表笔相碰，并调节 W，使表针满偏，然后再进行测量，以保证测量的准确性。这一步骤称为欧姆挡的调零。

二、万用电表操作规程

1. 认清万用电表的面板和刻度

根据测量的种类及大小，将选择开关拨至合适的位置（不知待测量的大小时，一般应先选择最大量程进行试测，然后根据指示值的大约数值，再选择适当的量限位置，使指针得到最大的偏转度）。接好表笔（万用电表的"＋"端应接红表笔）。

2. 使用伏特计或安培计时应注意的事项

（1）测直流电流和直流电压时，红表笔接正极，黑表笔接负极；

（2）执表笔时，手不能接触任何金属部分；

（3）测试时应采用跃接法，测量高电压和大电流时，不能带电转动选泽开关，以保护电表。

3. 使用欧姆挡时应注意的事项

（1）每次换挡后都要调节零点；

（2）不得测量带电物体的电阻，不得直接测量微安表等的表头内阻；

（3）测试时不得两手同时接触两支表笔的笔尖，测量高电阻时尤其需要注意；

（4）万用电表用完后应将两开关旋钮 S_1 和 S_2 旋至 "." 位置上，以保护电表。

【实验内容】

一、测量电阻值

将开关旋钮 "S_2" 旋到 "Ω" 位置上，开关旋钮 "S_1" 旋到 "Ω" 量限内，先将两表笔短路，使指针向满度偏转，然后调节电位器 "R_1"，使指针指示在欧姆标度尺 "0 Ω" 位置上（即调零点），选择适当的量程（指针指示被测电阻之值应尽可能指示在刻度中间一段，即全刻度起始的 20% ～ 80% 弧度范围内），分别测量灰色电阻、绿色电阻、蓝色电阻三个不同颜色的电阻阻值。填入表 11-1。

二、测量直流电压

1. 测电池两端电压

将表笔短杆分别插在插口 "K_1" 和 "K_2" 内，转换开关旋钮 "S_1" 至 "V" 位置上，开关旋钮 "S_2" 至所欲测量的直流电压的相应量限位置上，再将表笔长杆跨接在电池的 "＋""－" 极两端，读数见 "⌣" 刻度。当指针向相反方向偏转，只需将表笔的 "＋""－" 极互换即可。

2. 测各电阻上的电压

按图 11-5 接好线路，选择合适的量程，分别测出 U_{ab}、U_{bc}、U_{ac}，填入表 11-2，计算 $U_{ab}+U_{bc}$ 看是否等于 U_{ac}，解释这些结果。

三、测量直流电流

（1）测电流方法。

将开关旋钮 "S_2" 旋至 "A" 位置上，开关旋钮 "S_1" 旋到需要测量直流电流值相应的量限位置上，在红表笔的一头串入一个 10 kΩ 的电阻（以保护电表和电池），将表笔串在被测电路中，就可量出被测电路的直流电流值。指示值见 "⌣" 刻度。

（2）按图 11-6 接好线，在 R 处分别接上灰色、绿色、蓝色电阻，把所测得的电流值填入表 11-3。

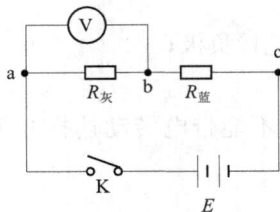

图 11-5   测量直流电压

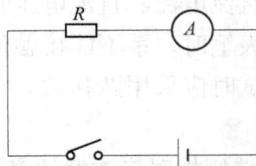

图 11-6   测量直流电流

【数据处理】

表 11-1   测量电阻（$R_{测}$＝欧姆表读数×欧姆表挡数）

测量对象	灰色电阻	绿色电阻	蓝色电阻
欧姆表挡数			
欧姆表读数/格			
测量值（$R_{测}$）/Ω			

表 11-2   测量直流电压 $\left(U_{测}=\dfrac{电压表量程}{满刻度数}×电压表读数\right)$

测量对象	电池两端电压	U_{ab}	U_{bc}
电压表量程			
满刻度数/格			
电压表读数/格			
测量值（$U_{测}$）/V			

表 11-3   测量直流电流 $\left(I_{测}=\dfrac{电流表量程}{满刻度数}×电流表读数\right)$

测量对象	灰色电阻	绿色电阻	蓝色电阻
电流表量程			
满刻度数/格			
电流表读数/格			
测量值（$I_{测}$）/mA			

【注意事项】

（1）测 R_x 时，调 R 挡使得指针指在 1~30 之间（即指针应指在中间 2/3 弧度范围内）。

（2）不能扭弯电阻的脚线。

（3）万用电表不要拿出盒外使用，打开上盖即可。

（4）实验做完后要整理好仪器，表笔要放到盒子里，电阻放在桌面上。

【回答问题】

（1）测量电阻时，为什么要调零？

（2）在测量电路中的电流时，若误将电流表并联在电路中将会造成什么后果？为什么？

实验十二　伏安法测电阻

【实验目的】

1. 熟悉电压表、电流表、万用电表的使用方法；
2. 学会用伏安法测电阻，会修正伏安法测电阻的系统误差。

【预习要点】

1. 用欧姆定律 $R=\dfrac{U}{I}$ 测电阻为什么会有内外接法？

2. 内外接法如何对结果进行修正？

【仪器与用具】

电压表、万用电表、学生电源、电阻箱、$10\ \Omega$ 和 $3.9\ \mathrm{k\Omega}$ 电阻等。

【实验原理】

一、什么是伏安法

用电压表测出待测电阻两端的电压 U，同时用电流表测出通过该电阻的电流，然后根据欧姆定律 $R=\dfrac{U}{I}$ 算出待测电阻值 R。这种方法称为伏安法。

二、电表的连接方法

用伏安法测电阻 R_x 时，要求同时测出 R_x 两端的电压和流过它的电流，但在实际中不可能做到这一点，常用的接法有两种：

1. 电流表内接法

如图 12-1 所示。电流表的内阻为 R_A，电压表测出的电压 $U=U_x+U_A$，由此算出结果 R，即

$$R=\frac{U}{I_x}=\frac{U_x+U_A}{I_x}$$
$$=R_x+R_A \tag{12-1}$$

即
$$R_x=R-R_A \tag{12-2}$$

若用 $R_x=\dfrac{U}{I}$ 近似计算 R_x 的值，必然比 R_x 的真实值大。

只有当 $R_x\gg R_A$ 时，R_A 的影响才可忽略。所以这种接法适用于测量高阻值电阻。要想得到 R_x 的准确值，可以对它进行修正，只需将计算结果减去电流表的内阻 R_A。见式 (12-2)。

2. 电流表外接法

如图 12-2 所示。电压表的内阻为 R_V，电流表测出的电流 $I = I_x + I_V$，这是由于电压表的内阻 R_V 不是无穷大，引起了电流的分流，因此测出的电流，比实际上流过待测电阻上的电流 I_x 大，使得测得的电阻值比 R_x 的真实值偏小。只有当 $R_x \ll R_V$ 时，用 $R_x = \dfrac{U}{I}$ 近似计算 R_x 的值才能保证足够的精确度。因此这种接法适用于测量小阻值电阻。若要得到 R_x 的准确值，则要把 I_V 从总电流 I 中减去，即

$$R_x = \frac{U}{I - I_V}$$

$$= \frac{U}{I - \dfrac{U}{R_V}} \tag{12-3}$$

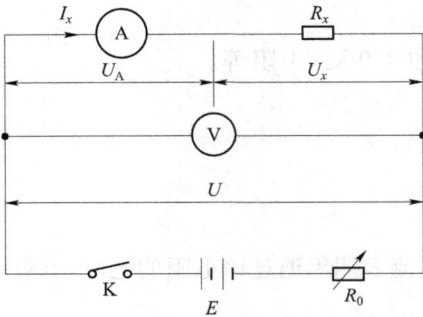

图 12-1　内接法电路图

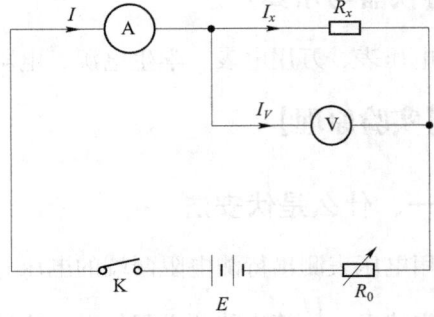

图 12-2　外接法电路图

【实验内容】

本实验中为了减少读数误差，建议测电流采用万用电表的直流毫安挡，根据电流的大小选用合适的挡次，以使表针偏转在中央区域附近为宜。

1. 用电流表外接法测量电阻

按图 12-2 接好线路。分别测量 10 Ω 和 3.9 kΩ 的电阻，每个电阻测三次求平均值作为测量值 R_x，然后用误差修正公式修正后作为修正值 $R_修$。数据填入表 12-1。

2. 用电流表内接法测量电阻

按图 12-1 接好线路。分别测量上面的两个电阻，也是每个电阻测三次求平均值作为测量值 R_x，然后用误差修正公式修正后作为修正值 $R_修$。数据填入表 12-2。

【数据处理和结论】

表 12-1　用伏安法测电阻（外接法）

		R_V （　）	I （　）	U_x （　）	R_x （Ω）	$R_修=\dfrac{U_x}{I-\dfrac{U_x}{R_V}}$ （　）	$\overline{R}_修$ （　）	相对误差 $\delta=$ $\dfrac{\lvert R_理-R_修\rvert}{R_理}\times100\%$
电流表外接法 测约 10 Ω 电阻	1							
	2							
	3							
电流表外接法 测约 3.9 kΩ 电阻	1							
	2							
	3							

注：R_V是伏特计内阻，是依据实验时所用量程，从下文所列"参考数据"给出。

表 12-2　用伏安法测电阻（内接法）

		R_A （　）	I （　）	U （　）	R_x （Ω）	$R_修=R_x-R_A$ （　）	$\overline{R}_修$ （　）	相对误差 $\delta=$ $\dfrac{\lvert R_理-R_修\rvert}{R_理}\times100\%$
电流表内接法 测约 10 Ω 电阻	1							
	2							
	3							
电流表内接法 测约 3.9 kΩ 电阻	1							
	2							
	3							

注：$R_修$是经修正后得到的测量值，R_A 从下文所列"参考数据"给出。

【参考数据】

1. MF500 型万用电表电流各挡的内阻

50 μA　　　　　　$r_g=3\,800\ \Omega$

1 mA　　　　　　$r_g=360\ \Omega$

10 mA　　　　　$r_g=36\ \Omega$

100 mA　　　　　$r_g=3.6\ \Omega$

500 mA　　　　　$r_g=0.72\ \Omega$

2. 伏特计各挡内阻

$R_V=3.06\ \text{k}\Omega$（0～3 V）

$R_V=15.15\ \text{k}\Omega$（0～15 V）

【注意事项】

（1）图 12-1 与图 12-2 中的 R_0 的值应与 R_x 的数量值相同，比如当所测的大电阻有千位数，R_0 也要调到千位数，当所测的小电阻只有十位数，R_0 也要调到十位数。否则电压表难以读数。

（2）电流表可用万用电表的 mA 挡来代替，并记下相应量程的内阻 R_A 的值以便对结果进行修正。

（3）注意电阻箱的接法和读法，应接 0 和 99 999.9 Ω 接线柱。

（4）电源调到"2～4 V"（直流粗调、细调），如果实验室台面有直流电源，可直接用台面的直流电源（一般直流电源在台面的左边）。

（5）检查线路接对后才能通电。

【回答问题】

（1）伏安法测电阻有电流表内接法和电流表外接法两种电路，分别在什么情况下使用为好？为什么？

（2）图 12-2 电路中电阻箱 R_0 起什么作用？用滑动变阻器代替行不行？

实验十三　电桥法测电阻

【实验目的】

1. 熟悉电流计的使用方法，会依据电桥原理图，用所给的电阻等各元件组装成电桥，并使用新组装的电桥测电阻。

2. 学会用数显单臂电桥测电阻。

【预习要点】

1. 如何理解电桥平衡公式：$\dfrac{R_1}{R_2}=\dfrac{R_x}{R_0}$　即 $R_x=\dfrac{R_1}{R_2}R_0$？

2. 如何尽快估测到合适的倍率？

【仪器】

电流计、学生电源、三个电阻箱、数显单臂电桥、$10\ \Omega$ 和 $3.9\ \text{k}\Omega$ 电阻等。

【实验原理】

如图 13-1 所示，把四个电阻连接起来组成电桥，关闭 K_1 后，电路中有电流流过。再合上 K_2，一般来说电流计的指针会偏转，表示 BD 间有电流流过，调节 R_0 的阻值，使电流计的指针不偏转，这时 BD 间没有电流流过，就称电桥平衡，B、D 两点间的电势必然是相同的。因此，$V_{AB}=V_{AD}$，$V_{BC}=V_{DC}$。同时流过 AD 和 DC 的电流相等，设为 I_0。根据欧姆定律，当 BD 中没有电流流过，则有

$$I_g=0,\ I_1=I_x,\ I_2=I_0$$

且　　　　　　　$$I_1R_1=I_2R_2,\ I_xR_x=I_0R_0$$

于是有

$$\frac{R_1}{R_2}=\frac{R_x}{R_0}$$

即

$$R_x=\frac{R_1}{R_2}R_0 \tag{13-1}$$

图 13-1　电桥电路图

若已知 R_0 及比率 R_1/R_2，则可由（13-1）式求出 R_x。因在惠斯登电桥中，R_1/R_2 已是固定的比例，用 N 表示 R_1/R_2，其值可直接从比率臂旋组上读出，被测电阻 $R_x=N\cdot R_0$。

QJ23 型直流电阻电桥使用说明见附录二。

JKQJ23 型数显直流单臂电桥使用说明见附录三。

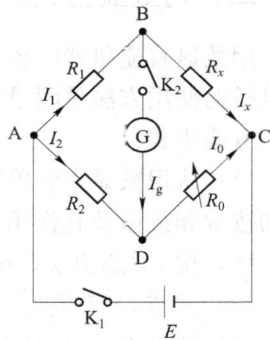

【实验内容与步骤】

一、利用电阻箱、电流计等元件组装直流双臂电桥，并使用该电桥测未知电阻

方法步骤：

（1）根据图 13-1，R_1，R_2，R_0 分别用电阻箱代替，R_x 为待测电阻。

（2）按图 13-1 接好线路（注意开关要断开）。

（3）为了保护电流计，刚开始时，先把 R_1，R_2，R_0 的电阻箱调到 1 kΩ 以上，而且使 R_2，R_0 的值接近，以防止电流过大损坏电流计。

（4）据公式 $R_x = N \cdot R_0$，估测倍率 N 的范围，选好倍率 N，调节 R_1 达到所选的倍率 $N = R_1/R_2$。

（5）合上 K_1 与 K_2，调节 R_0，使通过电流计的电流为零，这时 BD 间没有电流流过，电桥平衡。

（6）由（13-1）式求出 R_x，把所得各数据填入表 13-1。

（7）换上另一个待测电阻，重复以上操作，填入表 13-1。

二、用数显直流单臂电桥测电阻

用数显直流单臂电桥分别测出上面两个电阻的值，把数据填入表 13-2 中。（数显直流单臂电桥的使用方法见附录三）

方法步骤：

（1）认识数显直流单臂电桥的面板：弄清原理图上的元件所对应数显直流单臂电桥面板上的按键和按钮及其作用。

（2）按下电源开关，调节调零按钮，使指零仪显示"000"（B 和 G 开关处于"开"状态）。

（3）调节 R_0 千位为"1"以上（为了保证四位有效数字，R_0 千位不能为零）。

（4）接上 R_x，估计 R_x 的大小，调倍率 N 和相对应的电压。倍率 N 的估测和选择方法：同时按下 B 和 G 开关，倍率 N 由小调到大，若指零仪显示在"1"和"−1"之间变化时，倍率 N 就在这范围内。

（5）选好倍率 N 后，调节 R_0，使指零仪显示"000"，由（13-1）式求出 R_x 填入表 13-2。

【实验数据处理和结论】

表 13-1 数据记录表

	次数	R_1	R_2	倍率 $N = R_1/R_2$	R_0	$R_x = N \cdot R_0$	相对误差 δ
测约为 10 Ω 电阻	1						
	2						
测约为 3.9 kΩ 电阻	1						
	2						

表 13-2　数据记录表

	次数	倍率 $N=R_1/R_2$	R_0	$R_x=NR_0$	相对误差 δ
测约为 10 Ω 电阻	1				
	2				
测约为 3.9 kΩ 电阻	1				
	2				

【注意事项】

（1）利用电阻箱、电流计等元件组装的直流双臂电桥测未知电阻时，要串联一个大电阻以防电流过大损坏电流计。

（2）JKQJ23 型数显直流单臂选择倍率 N 的具体方法是：若指零仪显示为"1"，调节 R_0 时都不改变，则应把倍率 N 减少，然后再调节 R_0。（若指零仪显示负数则增大 R_0，反之减少 R_0），使电桥平衡，即指零仪显示为"000"；反之，若指零仪显示为"－1"，则应把倍率 N 增大，然后再调节 R_0，使电桥平衡。

【回答问题】

（1）利用电阻箱、电流计等元件组装的直流双臂电桥测电阻时，当待测电阻 R_x 与比较电阻 R_0 的值相差很大，电桥处于极不平衡状态时，通过电流计的电流过大会损坏电流计，如何操作才能防止这种情况发生？

（2）如图 13-1 所示电路，利用电阻箱、电流计等元件组装的直流双臂电桥测电阻时，以电流计左边接线柱接 B 点，右边接线柱接 D 点，试说明电流计指针左右偏转与所测 R_x 大于或小于被测电阻真值的关系。（比如：电流计指针左偏时，所测得 R_x 的值是大于或小于被测电阻真值？注意：电流计指针偏转与电流关系是：电流从哪端流入，指针就偏向哪端。）

实验十四　伏安法测电池内阻和电动势　研究电源的输出功率

【实验目的】

1. 测定电池的电动势和内阻；
2. 研究电源的输出功率怎样随外电阻改变；
3. 进一步熟悉安培计、伏特计、电阻箱的使用；
4. 学会利用图线研究极值——极大值问题。

【预习要点】

1. 能用万用电表直接测量电池的电动势 ε 和内阻 r 吗？为什么？
2. 图 14-1 测电池内阻 r' 时电流表是内接还是外接？测得的电动势 ε 和电阻 r' 比真实值大还是小？为什么？
3. 对于一定的电池（ε、r' 一定），电流 I、路端电压 U 的关系图线如何？$U-I$ 图线与纵轴、横轴交点分别表示什么？
4. 什么时候电源的输出功率最大？最大输出功率 P_{max} 是多少？
5. 图 14-2 中电池为什么串联上一个电阻 R_0？

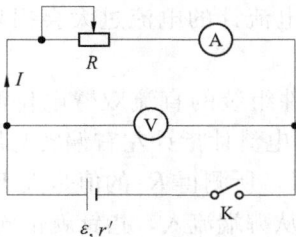

图 14-1　测电池内阻和电动势电路图 　　　　图 14-2　测输出功率电路图

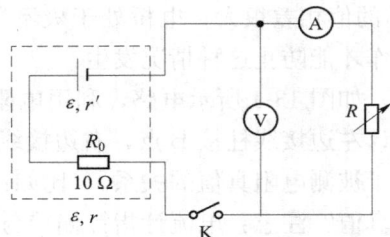

6. 输出功率是怎样随外电路电阻 R 变化的？

【仪器和用具】

安培计、伏特计、万用电表、电阻箱、电池、开关、滑动变阻器、10 Ω 电阻。

【实验原理】

（1）一个电源外接电阻 R，构成闭合电路。

根据闭合电路的欧姆定律，可知电源的电动势 ε、路端电压 U、电流 I、内电阻 r' 之间的关系式是

$$U=\varepsilon-Ir' \tag{14-1}$$

如图 14-1 所示，我们用安培计和伏特计测出电流 I 和路端电压 U，再用（14-1）式列出方程式。改变 R 的值，测出两组 I 和 U 的值，组成方程组，就可以求出 ε 和 r' 来。

$$\begin{cases} \varepsilon = U_1 + I_1 r' & (1) \\ \varepsilon = U_2 + I_2 r' & (2) \end{cases}$$

（2）电源的输出功率等于电路中电流和路端电压的乘积，测定输出功率的电路图如图 12-2 所示。可用电阻箱作为外电阻，逐次改变电阻箱的阻值，测出每一次的电流和路端电压，计算输出功率和外电阻的关系，验证外电阻 R 等于内电阻 r 时电源输出功率最大，且功率最大值

$$P_{max} = \frac{\varepsilon^2}{4r}$$

一般电池的内阻很小，为了防止因外电阻与内电阻相等时，电路中电流过强而损坏电池或烧坏安培计、电阻箱等，实验时要在电路中串上一个定值电阻 R_0，如图 14-2 所示，用 $R_0 + r' = r$ 代替图 14-1 中的电源内阻 r'。

【实验内容】

一、伏安法测电池内阻和电动势

（1）用伏安法测定电池的内阻和电动势时，因电池的内阻很小，我们采用图 14-1 的线路，相当于采用电流表外接法。按图 14-1 接好线路，测出四组 U、I 值，列出两对方程组，解方程组，得到的两个 ε 值和两个 r' 值，分别求平均值作为电池的电动势 ε 和内阻 r'（测量后必须马上计算出来，填入表 14-1，以备下一步使用）。

（2）利用上面求得和 ε 和 r' 的值，按图 14-2 接好线路，改变电阻箱 R 的值，使它从 $R < (R_0 + r')$ 逐渐增加到 $R > (R_0 + r')$，测出每次的电流值 I 和路端电压 U，求出 $P_{出}$，将数据填入表 14-2，在 $R = (R_0 + r')$ 附近时，R 的取值应间隔小些。

（3）用方格纸，以 R 为 X 轴，$P_{出}$ 为 Y 轴，描出各组（R，$P_{出}$）的对应点，连成平滑的曲线，从中找出 $P_{出}$ 随 R 变化的规律，并验证 $R = (R_0 + r')$ 时输出功率最大，约等于 $\frac{\varepsilon^2}{4(R_0 + r')}$，即相当于 $P_{出} = \varepsilon^2/(4r)$。

【数据处理及结论】

表 14-1　电池内阻和电动势的测定

次数＼项目	U (V)	I (mA)	ε_i (V)	r'_i (Ω)	平均值 $\bar{\varepsilon} = \frac{\varepsilon_1 + \varepsilon_2}{2}$ (V)	平均值 $\bar{r'} = \frac{r'_1 + r'_2}{2}$ (Ω)
1						
2						
3						
4						

二、研究电源输出功率

表 14-2 数据记录表

$\varepsilon=$ _____ $r'=$ _____ $R_0+r'=r=$ _____

项目 　　　次数	1	2	3	4	5	6	7	8	9	10	11	12	13
R/Ω													
I/mA													
U/V													
$P_{出}=UI$（mW）													
$P_{\max}=\dfrac{\varepsilon^2}{4\ (R_0+r')}$													

注：实验中用 R_0+r' 代替电源内阻 r。

三、画出 $P_{出}$—R 曲线

用坐标纸画好贴在实验报告上。

【注意事项】

（1）图 14-1 中电流表先用 3 A 挡测试，不超 0.6 A 时，才用 0.6 A 挡。

（2）图 14-1 中的电阻箱用 0～9.9 Ω（也可用滑动变阻器代替）。

（3）图 14-1 中的电压表可用 MF500 型万用电表的电压挡代替。

（4）图 14-2 中电流表可用 MF500 型万用电表的 mA 挡代替，并记下相应挡数的内阻 r_g 值。（500 mA：$r_g=0.72$ Ω，100 mA：$r_g=3.6$ Ω）

（5）图 14-2 中的外电路电阻 $R_{外}=R_{箱}+r_g$。（$R_{箱}$ 图中用 R 表示）

（6）图 14-2 中的电阻箱用 0～99 999.9 Ω（接线柱不分正负极）。

（7）公式 $P_{\max}=\dfrac{\varepsilon^2}{4\ (R_0+r')}$ 中的 ε 和 r' 是用实际测出的值。

（8）外电路电阻 $R_{外}$ 的值接近 R_0+r' 时取值可间隔为 0.5 Ω，$R_{外}=R_{箱}+r_g$ 的值：4，5，7，8，9，9.5，10，10.5，11，11.5，12，13，15，20，25，……。

【回答问题】

（1）从图线上得 $P_{\max}=UI=$ _____ mW，这时 $R=$ _____ Ω，和计算值相比较，$P_{\max}=\dfrac{\varepsilon^2}{4\ (R_0+r')}=$ _____ mW，这时 $R=R_0+r'=$ _____ Ω。

（2）在 $R<(R_0+r')$ 时，$P_{出}$ 随 R 的增加而 _____，在 $R>(R_0+r')$ 时，$R_{出}$ 随 R 的增加而 _____。

（3）在电源输出功率最大时，电源的工作效率是多少？是否也最大？

实验十五　示波器的使用

【实验目的】

1. 了解 CA9000D（DS1052E）双踪示波器的原理、构造、使用和调整。
2. 用示波器观察交流正弦波的波形和测量交流电压、周期及直流电压。

【预习要点】

1. 示波器的原理是怎样的？
2. CA9000D 和 DS1052E 双踪示波器面板各个功能键的作用是什么？
3. 如何用双踪示波器来测量方波波形、交流电波形、交流电的电压和周期、直流电的电压？

【仪器和用具】

CA9000D（DS1052E）双踪示波器、一号电池、学生电源等。

【实验原理】

一、示波器的组成

示波器通常由垂直偏转系统、水平偏转系统、电源电路和示波管电路等部分组成，其基本方框图如图 15-1 所示。

二、波形的显示原理

示波管是采用静电偏转的方法，就是在一对偏转板之间分别加上一定的电压，则两极间产生静电场，当电子束通过偏转区时受到电场力的作用产生位移。位移的大小与所加电压幅度高低成正比。下面将分别根据不同情况说明波形的显示原理。

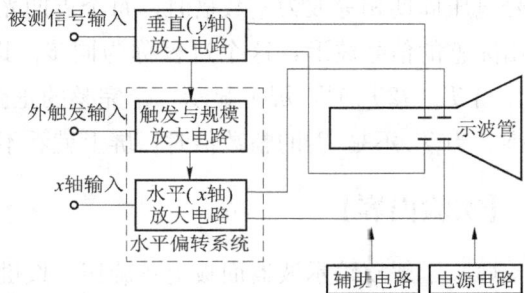

图 15-1　示波器电路图

1. 垂直偏转板上加正弦电压

如果把一个周期性变化的正弦电压加到一对垂直（y 轴）偏转板上时，则两极板间产生交变电场。电子束经过偏转板时，受到交变电场的控制，光点在荧光屏上作垂直方向移动。当正弦电压的频率很低时（在 10 Hz 内），屏幕上便会显示一个上下移动着的光点。当正弦电压的频率较高时（20 Hz 以上），就会产生光点运动的轨迹——一根垂直亮线，如图 15-2 所示。

2. 水平偏转板上加锯齿波电压

如果把一个周期性变化的锯齿波电压加到一对水平（x 轴）偏转板上时，则两极板间的光点就会产生左右方向移动，这就是水平扫描线。当每秒扫描 10 次以下时，就会看到左右移动的光点；当每秒扫描 20 次以上时，就会看到一根水平亮线，如图 15-3 所示。

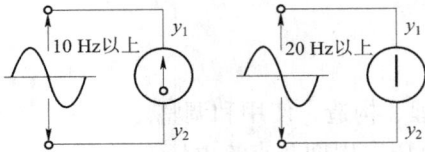

图 15-2   垂直偏转板上的电子束运动轨迹

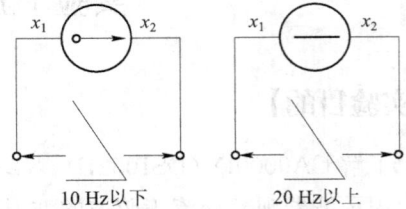

图 15-3   水平偏转板上的电子束运动轨迹

3. 波形的合成

如果把被测信号的正弦波电压加到垂直偏转板上，同时把锯齿波电压加到水平偏转板上，而且两个信号的频率和相位都相同，则在两对偏转板电场的控制下，荧光屏上的光点就会沿 0、1、2、3、4 的轨迹运动。当经过一个信号周期，锯齿波电压由高到低很快回扫，于是又重复以上的周期变化，这样在荧光屏上就能显示出一个被测信号的波形，如图 15-4 所示。

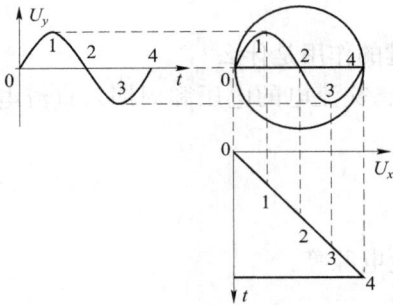

图 15-4   信号波形

4. 扫描与同步

波形显示的原理和我们在 x-y 坐标上画图一样，用横轴表示时间，纵轴表示电压幅度，所描绘出信号波形与画图是一样的。波形的显示过程称为扫描，扫描电路产生的锯齿波电压也称为扫描电压或时基信号电压。当扫描电压与被测信号电压周期相等或为整数倍时，每个周期光点运动的轨迹才能完全重合，从而能稳定地显示出完整的信号波形，这个过程称为同步。即当 $T_x = T_y$ 时，屏上显示一个完整的正弦波形，当 $T_x = 2T_y$ 时，屏上显示二个完整的正弦波形，当 $T_x = 3T_y$ 时，则显示 3 个……如此类推。当 T_x 不是 T_y 的整数倍时，屏上就看不到稳定的波形，也称不同步。

【实验内容】

（1）了解双踪示波器面板上各旋钮、按键的名称和作用、使用方法和调整方法。

（2）会用 CA9000D（DS1052E）双踪示波器测量交流电波形，会测量交流电的电压和周期及直流电的电压。

按附表 4-4 设置仪器的开关及控制旋钮或按键。

CA9000D 双踪示波器的使用方法见附录四 CA9000D（附录五 DS1052E）双踪示波器使用说明。

按上述设定了开关的控制按钮后，将电源线接到交流电源插座，然后，CA9000D 示波器按如下步骤操作：

① 打开电源开关，电源指示灯变亮，约 20 秒钟后，示波管屏幕上会显示光迹，若 60 秒钟后仍未出现光迹，应按上表检查开关和控制按钮的设定位置。

② 调节辉度和聚焦旋钮，将光迹亮度调到适当，且最清晰。

③ 调节 CH1 位移旋钮及光迹旋钮，将扫描线调到与水平中心刻度线平行。

④ 将探极连接到 CH1 输入端，将 2Vp－p 校准信号加到探极上，观察方波波形。

⑤ 将 AC—GND—DC 开关拨到 AC，屏幕上将会出现一条亮线，即为 CH1 的信号光迹。若将垂直方式开关拨到 CH2，则在屏幕上方出现 CH2 的信号光迹。

（3）用双踪示波器观察交流电波形。

① 按上面的操作，将 CH1 探极接到低压交流电源的输出信号端，此时可观察到交流电波形。

② 调整 ▌ 或 ▌ 衰减开关，可得到幅度合适的交流电波形。调整 TIME/DIV 旋钮，可得到稳定的波形。

（4）DS1052E 双踪示波器实验方法（参见附图 5-1）：

① 打开电源开关，在顶盖左侧，按下为开，弹起为关。

② 将探头之一接到 CH1 接线柱，按下 CH1 开关，此时 CH1 灯亮。

③ 方波的测量：

a. 将探针的夹子夹住最下排右边第一个下面的"地"，挂钩钩住上面的"方波"。

b. 调节 CH1 开头上面的亮度旋钮，顺时针为大，逆时针为小，以看到清楚的方波图像为宜。

c. 调节倒数第二排左边的旋钮，可以调节波形的幅度；调节倒数第二排右边的旋钮，可以调节波形的周期。

d. 上面一排有 3 个旋钮，可以分别调节波形的左右移动及稳定波形。

e. 我们只需要按 CH1，CH2 那排键，其他的可以不用，如果波形不能稳定，可以按一下 RUN/STOP 键，让其变为红色。一般情况下再按一次为黄色即可。

f. CH2 的操作与 CH1 的操作相似。

④ 观察正弦波，操作同观察方波，只需将探针接到实验桌左边的交流电源接线柱上，极性不用分，调节好周期和幅度即可。

（5）直流电压的测量：

① 将调节幅度旋钮旋到 500 mV；

② 调节垂直位移旋钮，使扫描基线（亮线）在某一水平坐标上；

③ 将探头上面的黄色按钮（衰减按钮）向上打到 1× 挡，再将探针接到电池两端，测电池的电动势，则

$$\varepsilon = 移动格数（大格）\times 500 \text{ mV}$$

【注意事项】

（1）若看不到波形或只看到杂波，可以按下 AUTO 键（自动），等一会就可见到稳定波形了。

（2）在测量直流电压时，如果观察不到稳定的亮线，就先观察方波，调节到合适稳定的波形后，再去测量直流电压。若 CH1 通道测不了，就换用 CH2 通道来测。

（3）在测量直流电压时，计算电压值所用的格数是亮线移动的大格格数。

【回答问题】

(1) 在示波器正常的情况下，开机后没有光点或光线出现，主要是什么原因造成？

(2) 要观察 CH1 的信号波形，垂直方式开关应打到哪一挡？要观察 CH2 的信号波形呢？若要同时观察 CH1 和 CH2 的信号波形应打到哪一挡？

(3) 在现实生活中，有哪些电器的原理与示波器有相似之处？举例说明。

实验十六　用示波器观察交流电的整流和滤波

【实验目的】

1. 熟悉双踪示波器的使用、调整。
2. 用双踪示波器观察交流电通过半波整流后的波形和通过 RC 滤波及 π 形滤波后的波形。

【预习要点】

1. 交流电的整流滤波原理是什么?
2. 如何用双踪示波器来观察交流电整流滤波后的波形?

【仪器与用具】

示波器、学生电源、线路板、2CP 型半导体二极管、电阻、电解电容器等。

【实验原理】

交流电通过一个半导体二极管时,变成脉动直流电,称为半波整流。这种电流脉动性较大,通过 π 形滤波器后,可以在负载上获得较为平稳的直流电。下面我们分析一下这个电路。

在图 16-1 中,从 A、D 两端输入的交流电经二极管 D_1 整流后,变成脉动直流电,C_1,C_2 是滤波电容,R 是 π 形滤波的电阻,R_L 是负载电阻。输入的脉动直流电包括交流成分和直流成分。脉动直流电输入后,由于电容器 C_1 的容量较大,容抗很小,所以

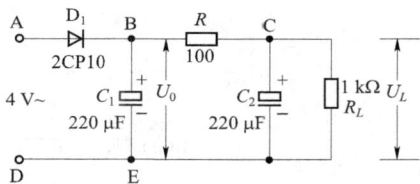

图 16-1　电路图

大部分交流成分经 C_1 流过,而流经另一支路的电流就是脉动较小的直流电,但有交、直流两种成分,这两种成分通过 R 和 C_2 时将产生不同的分压比,使负载两端有较大的直流电压和很小的交流电压。即交流分量几乎全部降落在电阻 R 上,只有很小一部分降在电容 C_2 两端,从而起到滤波作用。输出的直流电压 U_L 决定于 R_L 与 R 对直流分量 U_0 的分压比,即

$$U_L = U_0 \frac{R_L}{R + R_L}$$

由于 R 的取值较小,所以直流电压 U_0 的大部分被分压到负载电阻 R_L,从而在 R_L 上得到一个较为稳定的直流电压。

这种由两个电容 C_1、C_2 和电阻 R 组成的滤波叫作 π 形滤波。

【实验内容】

(1) 熟悉双踪示波器的使用。
(2) 用双踪示波器观察交流电波形。

按图 16-1 线路先接上 D_1、R 和 R_L,不接 C_1、C_2,将 A、D 两端接学生电源交流 4 V

交流电压，打开电源开关，只需将接地按键弹出（即不要接地），用双踪示波器 CH1 探极测量 A 点（AD 两点）波形并作记录。（探针挂钩接 A、B、C，夹子接地，即 D 点）

（3）观察经过半波整流后的波形。

先观察 B 点（BD 两点）波形，B 点波形即为半波整流波形。

（4）观察小电容滤波、大电容滤波、π 形滤波的波形，并将所观察到的各种波形画下来，填入图 16-2。

接上 C_1 且令 $C_1 = 10$ μF，观察并记录 C 点（CD 两点）波形，然后更换 $C_1 = 100$ μF，再次观察 C 点波形，最后接上 C_2 且令 $C_2 = 100$ μF，就组成了 π 形滤波器，观察记录 C 点（即负载电阻两端）的波形。

（5）用 CH1 观察交流电波形，用 CH2 观察小电容滤波和 π 形滤波的波形。

将垂直方式开关拨到双踪位置，将接地开关弹出，用 CH1 探极测 A 点波形，用 CH2 探极测 C 点波形。

【数据处理及结论】

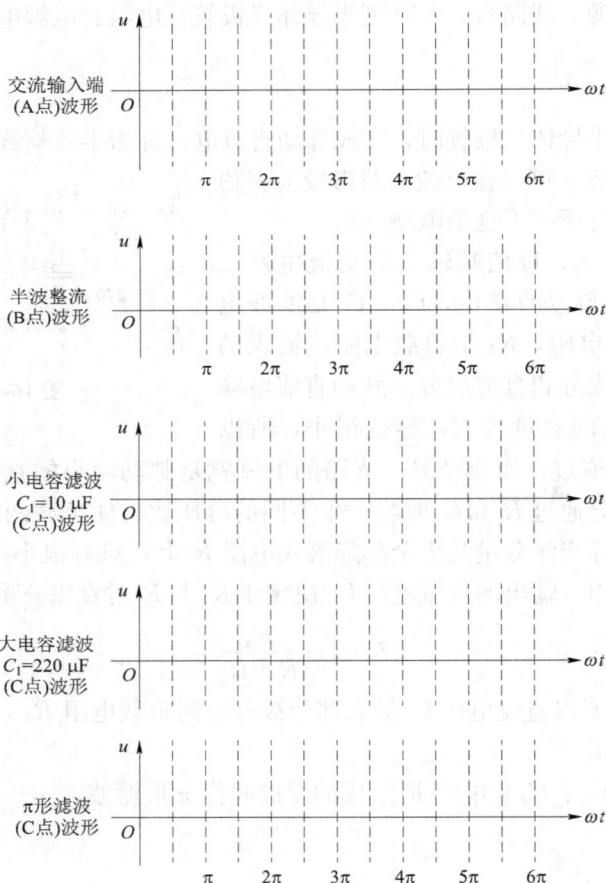

图 16-2　示波器观察各点波形图

【注意事项】

(1) 分清图 16-1 中接点 A、B、C、D、E 的意义。

(2) 接入图 16-1 中的交流电压不要超过电解电容器的额定电压，以免烧坏电解电容器。

(3) 把电解电容器接入电路中时要注意看电解电容器的正负极，不要接反了。

(4) 观察 A、B、C 点的波形时，把探针的挂钩分别接到 A、B、C 点，探针的夹子接地，即接 D 点。

【回答问题】

(1) 图 16-1 中用一只半导体二极管，得到半波整流，如果在 D 处再接上另一只半导体二极管，是否可以获得全波整流的效果？为什么？

(2) 在整流电路后面加滤波电路的作用是什么？从波形图上看出，哪种滤波电路的滤波效果最好？

实验十七　电容量的测量

【实验目的】

1. 理解电容充放电的特性和电容并联的特点。
2. 理解交流串联电路的特点。

【预习要点】

1. 电容充放电有什么特性？
2. 电容放电在什么情况下会对人造成伤害？本实验是如何放电的？
3. 电容并联的特点是什么？交流串联电路的特点是什么？

【仪器与用具】

学生信号源、示波器、电阻箱、单刀双掷开关、滑动变阻器、一个已知电容和一个待测电容、学生实验用电源、万用电表。

【实验原理】

方法一，利用电容并联法测量未知电容。

如图 17-1 所示：一个已知电容 C_1 和一个未知电容 C_2，对已知电容 C_1 充电到电压为 U_0 后，将电源撤去，并将 C_1 与未知电容 C_2 并联连接，实验测得这时 C_2 电压为 U，由于并联，电容 C_2 上的电量为：

图 17-1　电容并联法测未知电容

$$Q_2 = C_1 U_0 - C_1 U = C_1 \Delta U$$
$$C_2 = Q_2 / U = C_1 \Delta U / U \tag{17-1}$$

方法二，利用容抗法测量未知电容。

实验电路如图 17-2 所示，将 S 先置于"1"，再置于"2"，反复调节 R，使示波器 Y 信号幅度相等，则 $U_R = U_0$。由于串联电路 $R = Z_C$，又

$$Z_C = \frac{1}{wC} = \frac{1}{2\pi f C}$$

式中，w 表示圆频率，f 表示频率。

$$C = \frac{1}{2\pi f R} \tag{17-2}$$

【实验内容和方法步骤】

方法一：利用电容并联法测量。

（1）按图 17-3 所示接好电路，K_1、K_2、K_3 断开，将电源电压调到 10 V，然后 K_1 闭合，对已知电容 C_1 充电到电压为 $U_{01} = 10$ V。

（2）断开 K_1，合上 K_2，过一会儿合上 K_3，快速读出万用电表所测得的 C_1、C_2 上的电压 U，由（17-1）式求得电容 C_2 上的电量，计入表 17-1。

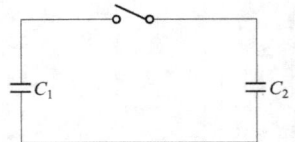

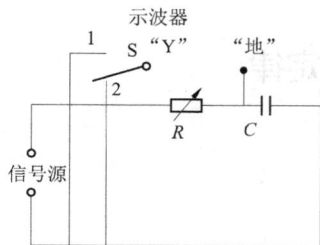

图 17-2 容抗法测未知电容

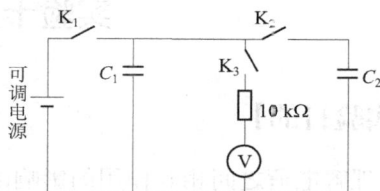

图 17-3 电路示意图

（3）等到电容放电完后（万用电表指示为零时），断开 K_2、K_3，再改变电源电压 $U_{02} =$ 8 V，重做以上步骤。

方法二：用容抗法测量。

（1）按图 17-2 所示接好线路，将 S 先置于"1"，再置于"2"，反复调节 R，使加在 R 和 C 上的示波器 Y 信号幅度相等（扫描旋钮置于外 X 挡，即不使用扫描信号，这样便于比较）则 $U_R = U_C$。

由（17-2）式求得电容 C 上的电量，计入表 17-2。

（2）改变 f，重复上述实验步骤，做三次求平均值。

方法三：如果没有示波器和信号源，可用 50 Hz 的低压电源代替信号源，并用万用电表的电压挡（交流）测量 U_C 和 U_R，按上述同样的方法，可求得 C 值，计入表 17-3。

【实验数据处理和结论】

表 17-1 利用电容并联法测量电容

次数	U_0	U	$Q_2 = C_1 \Delta U$	$C_2 = Q_2/U$	C 平均值
1					
2					
3					

表 17-2 用容抗法测量电容（一）

次数	f	R	C	C 平均值
1				
2				
3				

表 17-3 用容抗法测量电容（二）

f	$U_0 = U_R$ 时的 R	$C = 1/(2\pi fR)$
50 Hz		

【回答问题】

1. 本实验如何操作可以使电容更好放电？

2. 如图 17-3 所示，电表串联上一个大电阻 10 kΩ 的作用是什么？

实验十八　验证库仑定律

【实验目的】

1. 理解电荷之间相互作用的影响因素；
2. 验证库仑定律。

【预习要点】

1. 电荷之间的作用力跟什么因素有关？
2. 库仑扭秤的结构和基本原理。
3. 本实验的原理与库仑扭秤有何区别？

【仪器与用具】

方座支架一台、天平、米尺、装在木支架上的镜尺、两米多长的涤纶包装带细丝、约 $0.5\ \text{m} \times 0.5\ \text{m} \times 0.2\ \text{cm}$ 的木板、硬橡胶棒、毛皮、碳素墨水、砂纸、三个乒乓球（表面涂有导电层：均匀涂上一层碳素墨水）等。

【实验原理】

一个微小的带电体（小球）A，用一根细绝缘线 L 垂直地悬挂着，它可以自由摆动，另一个带同性电荷的物体（小球）B，放在附近的台架上，它的位置固定。这时，一个水平的静电斥力就会作用在悬挂的带电体 A 上，使之偏向左边（或右边），产生一个位移 x 而静止。设物体 A 受的重力为 mg，斥力为 F、张力为 T，则三力处于平衡状态，如图 18-1 所示，其中 T 是 mg 与 F 的合力（$T' = T$）。由于位移 x 很小（即偏角 θ 很小），所以可将物体摆过的弧长看成是它的位移 x，把悬线 L 与位移 x 所组成的狭长三角形看成是一个直角三角形。其中力的三角形（平行四边形的一半）与狭长三角形有相似关系。由此得到计算式：

$$F = \frac{mg}{L}x = Kx$$

式中 mg 与 L 在实验中均为常数，故 $F = Kx$，即斥力 F 与位移 x 成正比。因此可用 x 的大小来确定 F 的大小。A 球偏离平衡位置的位移为 x，偏离后 AB 两球的距离为 r，本实验采用镜尺观测 r 和 x 的值，而斥力 F 可由 $F = mgx/L$ 求得。如能从实验中得到 F 与 $1/r^2$ 成正比的关系，或绘出 F——$1/r^2$ 的图像为过原点的直线，则可得到斥力 F 与两球的距离 r 平方成反比的结论。

另外改变任意一小球上的电量时，球 A 的位移也要发生相应的改变。由实验和测量的结果可以证明，斥力 F 跟每个球上的电量 q 成正比。至于改变球上电量的方法，可用另一个不带电的球 C（和球 A、B 大小形状相同）与任一带电球相碰，碰一次则带电球的电量变

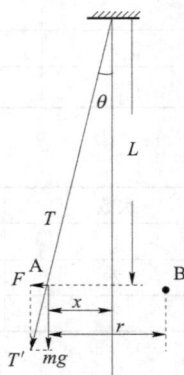

图 18-1　受力分析图

成 $\frac{1}{2}q$，碰两次变成 $\frac{1}{4}q$……依此类推。

　　总结上面两部分实验内容，最后可得到的结论是：两带电球之间的斥力跟每个球的电量成正比，跟它们的距离的平方成反比。

即

$$F=\frac{q_1q_2}{r^2}$$

或

$$F=K\frac{q_1q_2}{r^2}$$

【实验内容方法步骤】

所用实验装置如图 18-2 所示：

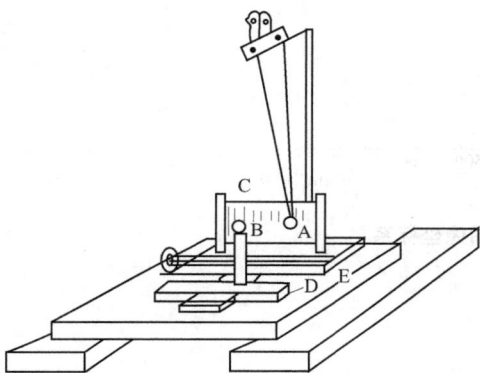

图 18-2　库仑扭秤

　　图中带电小球 A 是用细砂纸磨薄了的乒乓球均匀涂上一层碳素墨水，或涂上乳白胶后粘细铜粉并抛擦光滑，看来像似铜球，但其质量只有 1 g 左右，可用学生天平测得其质量。然后再用两根长为 1 m 左右的，并分得很细的涤纶包装带细丝，将 A 球悬挂在铁支架上。B 球也同样是乒乓球做的带电小球，但不需磨薄，将它固定在可以作竖直和水平移动的绝缘支架 D 上，以便改变两球之间的距离。A 球偏移的距离 x 和两球之间的距离 r 都通过安装在滑轨中可以左右移动的支架上的镜尺来观测，这样就可以在不接触两带电小球的情况下，比较准确地测 x 和 r 的值。实验不需在暗室中进行。所需的预备知识又是大家所熟悉的。

　　实验时，用毛皮摩擦过的硬橡胶棒与 A、B 两球接触，使它们带同种等量的电，并保持两球电量不变，验证 $F\propto 1/r^2$ 的关系：移动 B 球的支架，改变两球之间的距离，并同时利用镜尺观测 r 和 x 的值，填入表 18-1 中，并绘出 $F—1/r^2$ 的图像。

　　然后再验证静电斥力跟两球所带电量的乘积成正比的规律，采用库仑扭秤实验相同的方法，改变小球所带的电量（可设原来 A 球带电量为 Q），即用相同的绝缘导体球先后分别跟 A、B 球接触，使其电量减半，同时移动 B 球支架，使得当 A 球偏移不同时以保持两球之间的距离不变，比如保持 $r=5$ cm 测得数据填入表 18-2 中。

【实验数据处理】

表 18-1　验证 F 与 r 的关系　　　　m（A 球）=_____ g，$L=$_____ cm

实验次序	球间距离 $r/$cm	A 球偏移 $x/$cm	$\frac{1}{r^2}/\text{m}^{-2}$	静电斥力 $F/$N
1				
2				
3				
4				

表 18-2　验证 F 与 q 的关系　　m（A 球）=_____ g, L=_____ cm, r=_____ cm

实验次序	A 球电量	B 球电量	静电斥力 F/N
1	Q	Q	
2	Q	Q	
3	$\frac{1}{2}Q$	$\frac{1}{2}Q$	

在下面的坐标系（图 18-3）中绘出 F—$1/r^2$ 的图像。

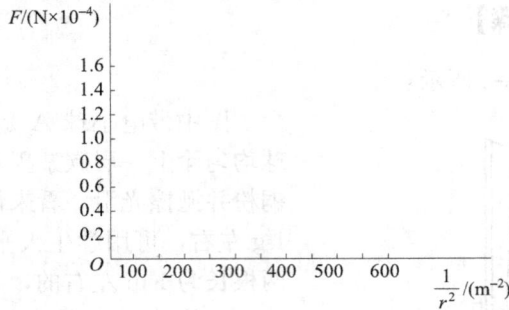

图 18-3　F—$1/r^2$ 的图像坐标系

【注意事项】

（1）一般首次实验数据偏离直线很多（即偏差较大），其原因是开始时荷电小球带电量多，其电势亦高，容易漏电，所以误差较大。

（2）实际测量时，从表 18-2 中的数据有可能出现：实测的静电斥力越来越小于理论值，这是由于小球不断漏电的缘故。但还是可看出两球间的静电斥力近似地跟两球所带电量之乘积成正比。

（3）如有可能，可做如下改进：镜尺上可改画一条观测的标准线，而镜尺座和滑轨上可刻度标尺和游标，可提高测盘 r 和 x 的精度，若带电小球能专门用塑料做成薄壳空心球，半径适当减小，表面镀一薄层铬，以防在实验过程中漏电，这样实验结果会更为理想。

【问题回答】

（1）本实验所测的 A 球偏离平衡位置的位移 x，以及 AB 两球的距离 r 是指哪点到哪点的距离？

（2）从多次实验观测结果还发现：当两球相距越远而带电越少所得实验数据就越符合库仑定律，这是为什么？

（3）本实验方法与库仑扭秤试验相比较有何优缺点？

实验十九　研究直线电流磁场中的磁感应强度

【实验目的】

1. 加深对磁场概念的理解，明确在长直线电流磁场中，电流强度 I、磁感应强度 B、场点离开导线的距离 r 这三个物理量之间的关系，进一步理解毕奥-萨伐尔定律。

2. 学会用实验研究三个物理量之间关系的方法。

【预习要点】

1. 如何由毕奥-萨伐尔定律推导出长直导线周围磁场 $B = k' \dfrac{I}{r}$？

2. 本实验如何处理地球磁场对实验的影响？

【实验仪器】

长直导线（直径约 0.2 mm、长 3 m 以上）、硬板条（长 1 m）、定位磁针（盘面有 360° 刻度）、直流电流计（5 A）、滑动变阻器（20 Ω、5 A）、直流电源（6 V、5 A）、开关、接线用导线、直尺、胶纸、架台等。

【实验原理】

直线电流磁场的磁力线是垂直于通电直导线的系列同心圆，见图 19-1，圆上任意点的切线方向，即为该点的磁场方向。为了研究任意点的磁感应强度 B 跟导线中电流强度 I，以及该点与导线的距离 r 之间的关系，可先让小磁针静止在某磁子午面内（磁子午面：即地球表面上某点地磁水平分力线所切的地球大圆。磁针在仅受地磁影响（没有自差）的情况下其指向即磁子午线方向），这时小磁针在地磁场水平分量 B_e 的作用下其 N 极指北。然后把直导线竖直地放置在小磁针所在的磁子午面内（或平行放置在小磁针上方），当直导线中通以电流时，小磁针就要受到直线电流磁场 B 的作用，使它向东（或西）偏转 θ 角，如图 19-2 所示。因此 $\tan\theta = B/B_e$ 或 $B \propto \tan\theta$，当电流 I 或距离 r 改变时，$\tan\theta$ 的变化就可用来研究直线电流

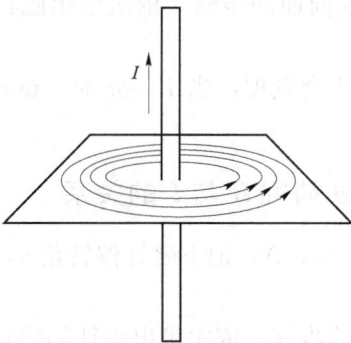

图 19-1　直线电流磁场的磁力线

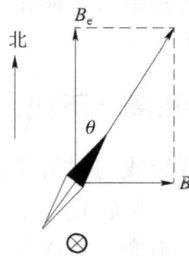

图 19-2　小磁针

的磁感应强度 B 跟电流 I 以及导线和小磁针距离 r 间的关系。

【实验内容和方法步骤】

一、仪器安装

（1）在白纸上画一条直线，让放在白纸上的磁针北极指向 $0°$，南极指向 $180°$，使白纸上的直线与磁针南北极连线重合。然后把磁针圆盘固定在白纸上，再把白纸粘在桌面上。

（2）把长导线固定在木板条上，用架台把板条一端支起，使长导线与纸上的直线平行。导线要张紧，要保证磁针在板条下方的正中央。

（3）按照图 19-3 连接好整个线路。其他部件要尽量远离木板条下的导线和磁针，一般要放在半米以外的地方。

（4）因为长直导线接通电源后，磁针的指向是地磁场的水平分量 B_e 和电流的磁场 B 的合成磁场方向（如图 19-4）。所以，小磁针的偏转角 θ 由公式 $\tan\theta = \dfrac{B}{B_e}$ 决定。在磁针所在处，B_e 为常量，所以电流的磁感应强度 B 与 $\tan\theta$ 成正比，即 $B \propto \tan\theta$。

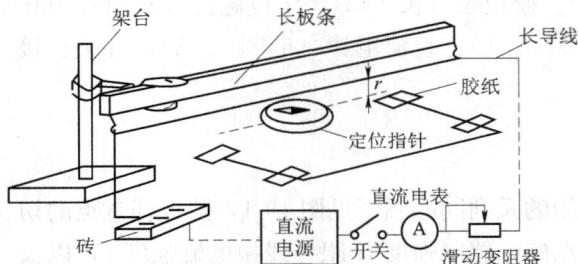

图 19-3　仪器连接示意图　　　　　　　　　图 19-4　小磁针磁场方向示意图

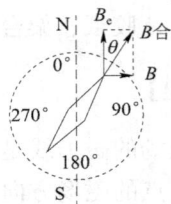

二、保持电流强度 I 不变，通过小磁针的偏转角 θ 的变化研究 B 与 r 的关系

（1）长直导线与磁针距离 r 为 5 cm。闭合开关，调节滑动电阻，使电流为 2 A，记下此时磁针的偏转角 θ，然后改变电流方向，再记下磁针偏转角 θ'。求出 θ 与 θ' 的平均值 θ_1。

（2）保持电流强度不变，使 r 每次增加 2 cm，重复前面的步骤，依次求出磁针偏转角度的平均值 θ_2、θ_3、……，填入表 19-1。

（3）根据观测结果，画出 $1/r$—$\tan\theta$ 曲线。通过曲线会发现：当 I 一定时，$\tan\theta \propto 1/r$。即：$B \propto \tan\theta \propto 1/r$。

三、保持距离 r 不变，通过小磁针的偏转角 θ 研究 B 与 I 的关系

（1）使长直导线与磁针距离 $r = 10$ cm，把电流调至 0.5 A，记下磁针偏转角 θ，然后改变电流方向，记下偏转角 θ'。求出 θ 与 θ' 的平均值 θ_1。

（2）保持 r 不变，逐次使 I 增加 0.5 A。重复上面的步骤，依次求出磁针偏转角平均值 θ_1、θ_2、……，填入表 19-2。

（3）根据观测结果，画出 I—$\tan\theta$ 曲线。分析曲线会发现：当 r 一定时，$\tan\theta \propto I$，即

$B \propto \tan\theta \propto I$。综合（2）、（3），即可得出结论：即 $B \propto I/r$ 或 $B = KI/r$。

地磁场水平分量可由公式

$$B_e = \frac{I}{Kr \cdot \tan\theta}$$

求出。一般所求值比精确值要小，这是因为我们实验总是在含有铁筋建筑的楼房内进行，地磁场被屏蔽的缘故。用质量好的大型磁针进行实验时，所求值能更准确。

【注意事项】

（1）使用的架台一般用木质或塑料制的，一切铁质物质都要尽量远离长导线。

（2）实验中电源导线要远离磁针。电源、电流计、变阻器等尽量远离长导线，最好不要把它们放在同一实验桌上。

（3）实验中不要启动日光灯，以免影响对长直线电流磁场的测量。

【实验数据处理和结论】

表 19-1　B 与 r 的关系（$I = 2$ A）

r/m	$\dfrac{1}{r}$	θ	θ'	平均 θ	$\tan\theta_平$
0.05					
0.07					
0.09					
0.10					

表 19-2　B 与 I 的关系（$r = 10$ cm）

次数	I/A	θ	θ'	平均 θ	$\tan\theta_平$
1					
2					
3					
4					

作图：画出 $1/r$—$\tan\theta$ 曲线（图 19-5）和 I—$\tan\theta$ 曲线（图 19-6）。

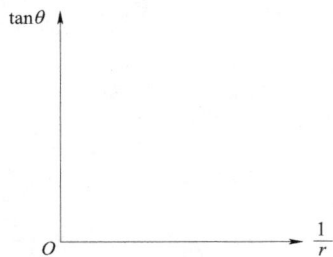

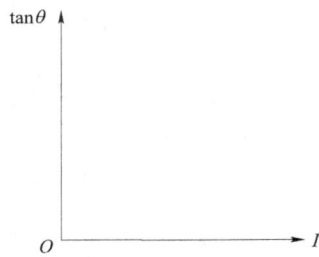

图 19-5　$\dfrac{1}{r}$—$\tan\theta$ 曲线　　　　　　　　图 19-6　I—$\tan\theta$ 曲线

【回答问题】

(1) 用实验研究三个或三个以上物理量之间关系时，如何进行操作？

(2) 本实验为什么要采取电流反向，取偏转角平均值的方法？

(3) 本实验中的 r 是指导线和白纸之间的距离吗？

实验二十 用万用电表判别晶体三极管并估测 β 值

【实验目的】

1. 学会用万用电表判别晶体三极管的极性。
2. 学会估测晶体三极管的放大系数 β 值。

【预习要点】

1. PNP 型和 NPN 型晶体三极管的构造有何不同？
2. PN 结有什么特点？
3. 什么是晶体三极管的放大作用？放大系数 β 如何表示？

【仪器与用具】

万用电表一只、PNP 型和 NPN 型晶体三极管各一只、150 kΩ 电阻一只、导线和标签纸若干。

【实验原理】

一、晶体三极管的结构

晶体三极管由两个 PN 结、三个电极线和管壳构成，分 PNP 型和 NPN 型两类。其结构和符号如图 20-1 和图 20-2 所示。

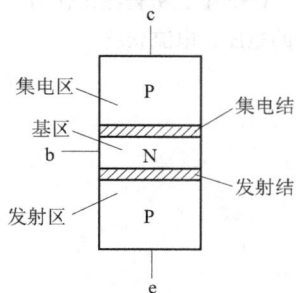

图 20-1 PNP 型晶体三极管

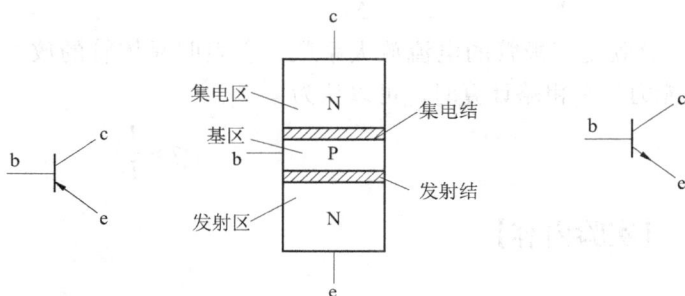

图 20-2 NPN 型晶体三极管

从图中可以看出，晶体管内分三个区：发射区、基区、集电区。它们各有一条电极引线，分别叫发射极 e、基极 b 和集电极 c。符号图中的发射极的箭头方向表示电流方向。发射区与基区之间的 PN 结叫作发射结，集电区与基区之间的 PN 结叫作集电结。

每个 PN 结的正向电阻很小，反向电阻很大。PNP 型管的基极是 N 区，如果将它接欧姆表的红表笔（表内电池的负极），而用黑表笔分别接触发射极（P 区）和集电极（P 区），表针都会指出较小的正向电阻值（几百欧姆）。NPN 型管的基极是 P 区，如果将它接欧姆表的黑表笔（表内电池的正极），而用红表笔分别触发射极（N 区）和集电极（N 区），表针都会指出较小的电阻值。

二、晶体三极管的放大作用

晶体三极管最基本的作用是放大作用，即把微弱的电信号转换成一定高强度的电信号。

如果要使三极管起到放大作用，就一定要给它的各电极加上合适的电压，否则三极管不但不能工作，有时甚至会损坏管子。通常，PNP 型三极管的工作电位是这样的：以发射极为基准，集电极加较高的负电压，基极加较低的负电压（锗管约 0.2 V，硅管约 0.6 V）且集电极电位要低于基极电位；对于 NPN 型三极管则相反，集电极加较高的正电压，而基极加较低的负电压。因此，不管是 PNP 型还是 NPN 型三极管，它们在正常工作时，在发射结上加的都是正向电压，在集电结上加的都是反向电压。三极管加上了合适的基极电压和集电极电压就能使其工作。现以 PNP 型三极管为例，所加电压关系如图 20-3 所示。这时，在线路中流过晶体管有三个电流，流过发射极的电流用 I_e 表示，流过基极的电流用 I_b 表示，流过集电极的电流用 I_c 表示。那么发射极电流 I_e、基极电流 I_b、集电极电流 I_c 三者之间的关系是

$$I_e = I_b + I_c$$

在图 20-3 中，若保持 e、c 极之间的电压不变，通过电位器不断调节基极电流 I_b 的大小。可以看到，当 I_b 发生微小的变化，就会引起 I_c 的较大变化，晶体管的这种作用叫作它的电流放大作用。如果用 ΔI_b 表示基极电流微小变化，ΔI_c 表示集电极电流的相应变化，β 表示两个变化量的比值，那么

$$\beta = \frac{\Delta I_c}{\Delta I_b}$$

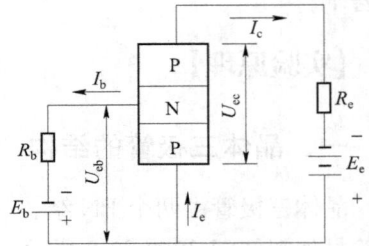

图 20-3   PNP 型三极管在工作时的电压、电流状况

β 就是三极管的电流放大系数。它表明晶体管的放大能力。在粗略计算时，可以认为

$$\beta \approx \frac{I_c}{I_b}$$

【实验内容】

一、判别三极管的管脚

(1) 找出基极：根据 PN 结正向电阻小、反向电阻大的性质，可以判断管子的基极和管子的类型（是 PNP 型还是 NPN 型）。用万用电表 R×100 或 R×1k 挡测试时，可以先假定一根引线为"基极"，用红表笔接"基极"，黑表笔分别接触另外两根引线，看是否两次都测得小阻值，如果不是，则用红表笔紧接另一个假设为基极 b 的管脚，如此轮换。若出现两次小阻值，则红表笔接的就是要找的"基极"，而且是 PNP 型的管子，如图 20-4（a）所示。再将红、黑表笔对调一下，即黑表笔接基极，红表笔接另外两根引线，若读数均为高阻值，则上述假定的基极是正确的。

如果用红表笔接触"基极"，照上述方法测量结果均为高阻值，而用黑表笔接触"基

（a）

（b）

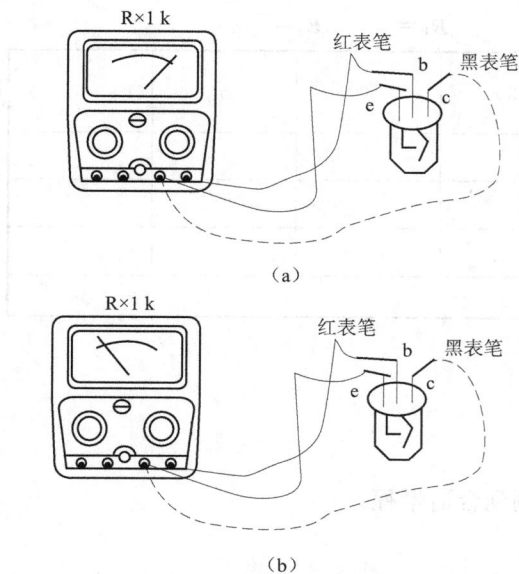

图 20-4 判别晶体三极管基极

极"，红表笔接触另外两根引线，测得结果均为低阻值，则所接的"基极"是 NPN 型管子的基极，如图 20-4（b）所示。用标签纸标记基极 b。

如果用上述方法测得结果一个是低阻值，一个是高阻值，则原假定的"基极"是错的。这就要另换一根引线假定为"基极"再测试，直到满足要求为止。

（2）判别发射极与集电极：对于 PNP 型晶体管，判别方法如下：先假定红表笔接的是"集电极 c"，黑表笔接的是"发射极 e"，右手的手指蘸点水，用拇指和食指捏住红表笔和"集电极"，用中指接触基极 b，即通过手的电阻给晶体三极管的基极加一正向偏流，使三极管导通，记下此时的阻值。然后再假定另一引线为"集电极 c"作同样的测试，也记下阻值读数。比较两次读数的大小，哪次阻值较小，说明哪次假定是正确的，即该次红表笔接触的就是集电极引线。如果是 NPN 型管，只要将红、黑表笔对换一下（黑表笔接"集电极"），照上述方法测试判别即可。如图 20-5 所示。用标签纸标记发射极 e 和集电极 c。

二、粗测 β 值

如图 20-6 所示。毫安表用万用电表上的直流毫安挡，先将基极电路断开，记下毫安表的读数 I_{ceo}，再将基极电路接通，记下毫安表的读数 I_c。相关数据填入表 20-1。

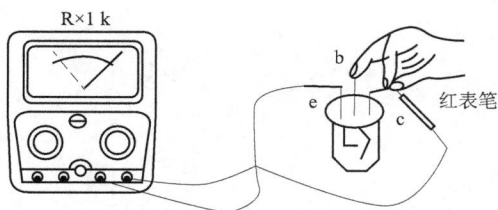

图 20-5 判别三极管的集电极、发射极

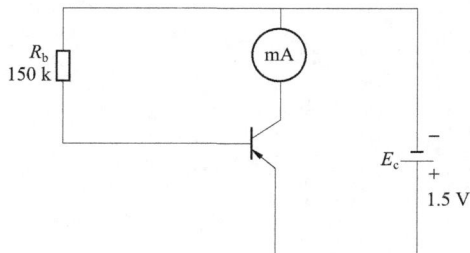

图 20-6 粗测 β 值

【数据处理和结论】

晶体三极管的放大系数 β 值的近似公式

$$\beta = \frac{\Delta I_c}{\Delta I_b} = \frac{I_c - I_{ceo}}{I_b}$$

$$\approx \frac{R_b (I_c - I_{ceo})}{E_c}$$

表 20-1　粗测晶体三极管的 β 值　　　　$R_b=$ 　　　$E_c=$

物理量 ＼ 测量次数	1	2	3	4	5	6
I_{ceo}/mA						
I_c/mA						
β						
$\overline{\beta}$						

【注意事项】

(1) 三极管的管脚不要折弯。

(2) 测量电流时要将万用电表的直流毫安挡调到合适量程。

【回答问题】

(1) 如何判别晶体三极管是 PNP 型还是 NPN 型？

(2) 发射区与基区及集电区与基区间的 PN 结是否一样？

(3) 如果在发射结上加反向电压，在集电结上加正向电压，三极管是否能正常工作？

第 4 章

设计性实验

4.1　设计性实验的性质和教学目的

设计性实验是介于基础教学实验和科学研究实验之间的教学实验，是培养学生创新思维的一种手段。通过设计性实验让学生运用已掌握的实验知识和技能，对科学实验全过程有所了解，使其在科学实验方法的思考、模型的建立、实验仪器设备和参数的选择和配合、测量条件的确定等方面得到初步的训练，以开发学生实践能力和分析问题解决问题的能力；或应用所学实验原理和实验方法，根据要求设计制作仪器装置。

同以往实验相比，设计性实验具有不同的训练内容和层次。一般而言，科学实验的完整过程包括以下几个阶段：

（1）确定研究课题，即研究的内容和研究所要达到的目标。

（2）查阅文献资料，根据课题要求查找、收集、整理、分析各种资料或文献，掌握相关研究的进展。

（3）制定研究方案和技术路线，包括理论依据、物理模型、实验方法、配套仪器、具体程序。

（4）实验装置与仪器设备的选择与准备。

（5）进行实验实践，严格操作，仔细观察，积极思维，实事求是，分析处理，获取实验测量结果和观察记录。

（6）综合分析讨论和处理实验结果，作出判断和结论。

（7）撰写科学实验报告或论文，包括课题任务、实验方法、理论依据、实验结果、分析讨论和参考文献。

以往常规的教学实验，主要是进行上述过程中的（5）和（6）中各个环节的学习和训练，基本上属于继承和接受前人知识技能，重复前人工作的范畴，这是科学实验的基础训练。一般来说，这类实验经长期教学实践的考验，都比较成熟，不论在实验原理、实验方法、仪器配套、内容取舍、现象观察、数据控制等方面都具有基础性、典型性和继承性的意义。

但是，从实验教学应"开发学生智能，培养与提高学生科学实验能力和素养"这一根本目的来看，在对学生进行一定数量的基础实验训练后，对学生进行具有科学实验全过程训练性质的设计性实验教学是十分必要的。这类实验课题和研究项目，一般是由实验室提出的，带有一定的综合应用性质或部分设计任务。做设计性实验时，要求学生自行推证有关理论，确定实验方法，选择配套仪器设备，进行实验实践，最后写出比较完整的实验报告。

设计性实验具有综合性、探索性和密切结合科研应用实际的特点。在解决问题的过程中往往需综合运用力学、热学、电磁学和光学等实验中所学的基础实验原理和方法。需自行拟定实验的原理和方法，在现有的实验条件下对实验方案和各种情况进行综合评价和考虑，以选择最佳的可行方案，并要在实践中进行反复的实验和改进。

可见，设计性实验更有助于培养学生全面独立的科学实验能力和创新能力，有利于避免实验过程的程序化。而其密切结合科研应用实际的特点则有利于提高学生的实验兴趣，提高理论应用于实践并在实践中解决问题的能力。

4.2　设计性实验的程序

设计性实验的一般程序是实验中心提供实验的课题，列出实验室已有的实验仪器和设备；学生根据实验内容和要求，阅读相关参考资料，研究实验原理，设计实验方案，拟定实验步骤，然后到实验室进行实验，最后对实验结果作出分析评述，完成实验报告撰写。在整个过程中实验指导老师仅提供所需参考资料、仪器设备，视情况给予一定的启发和引导，并对学生的方案和结果进行讨论和评价。

在进行设计性实验时，要求做好以下准备工作：拟定实验方案，选择实验仪器，选取实验条件。

1. 拟定实验方案

拟定实验方案包括实验原理和方法的选择。实验原理是实验的理论依据，实验原理和实验方法是紧密联系在一起的，选用不同的实验原理就有不同的实验方法，同一实验原理也可以采用不同的实验方法。学生应根据被研究的对象，查阅有关文献、资料，收集各种实验原理和实验方法，再根据被测量量和可测量量之间的关系，找出各种可能使用的实验方法，比较各种方法所能达到的精度、使用条件和实施的现实可行性，确定采用的方案。

2. 实验仪器的选择与配套

拟定实验方案后，就要考虑实验仪器的选择。仪器的选择一般从 4 个方面出发：分辨率、精确度、实用性、价格。作为教学设计实验，后两项由实验室现有条件决定，同学们需要考虑的是实验仪器的分辨率和精确度。由于实际实验过程中误差的来源是非常复杂的，因此应考虑各种因素的综合影响，尽量选择性能好且配套的仪器，以期获得最佳的测量效果。

3. 实验条件的选取

测量结果通常与许多条件相关，当测量方法和仪器选定后，实际实验中还要选择合适的测量条件使得测量精度达到最高。确定测量的最有利条件，也就是确定在什么条件下进行测量引起的误差最小。

4.3　设计性实验的实验报告

设计性实验的实验报告要按规范的实验报告格式来写。其内容一般包括：

（1）实验名称。

（2）实验目的。

（3）实验仪器清单。

（4）实验原理。

（5）实验步骤。

根据所用的仪器和要求拟出步骤，要求既能达到目的完成任务，又简单明了，条理清楚。

（6）注意事项。

要求说明使用仪器和实验过程中的注意事项。

（7）数据处理及结果。

实验二十一　测定木头之间的滑动摩擦系数

【任务与要求】

设计一个测定木头之间的滑动摩擦系数的实验方案。

（1）设计实验方案，推导出测量公式。

（2）写出操作步骤。

（3）列出数据处理表格，完整规范记录有关数据。

（4）处理测量结果及误差分析。

【可供选择的仪器设备】

长约 1 m 的木板、小木块、刻度尺、秒表与方座支架。

实验二十二　测定碰撞系数

【任务与要求】

设计一个能测出尽可能多的不同的碰撞系数的实验方案。

（1）写出测量方法。

（2）拟出测量步骤。

（3）列出数据处理表格。

（4）分析碰撞所用的器件和测出的碰撞系数，得出结论。

（5）进行误差分析。

【可供选择的仪器设备】

气垫导轨及其附件、气源、电脑计时器、天平。

实验二十三   测定直流微安表的内阻

【任务与要求】

设计一个能测定直流微安表内阻 R_g 的实验方案。

（1）设计实验方案，画出电路图，推导出测量公式。

（2）写出操作步骤。

（3）列出数据处理表格。

（4）电流表的每一个读数都必须考虑量程和偏转的角度。

（5）处理测量结果及误差分析。

【可供选择的仪器设备】

直流微安表或万用电表（直流微安挡）、灵敏电流计、学生电源、电阻箱（2 个）、滑动变阻器、固定电阻、单刀开关、单刀双掷开关、导线若干。

实验二十四   测定未知电源的电动势

【任务与要求】

设计一个测定未知电源电动势的实验方案。

（1）写出实验原理、实验方法，画出电路图，推导出计算公式。

（2）写出操作步骤。

（3）列出数据处理表格。

（4）处理测量结果及误差分析。

【可供选择的仪器设备】

电池（电动势为 E_1，内阻为 r_1）、电池（E_2 未知）、固定电阻、电阻箱、电流计、单刀开关、导线若干。

实验二十五   测定弹簧的倔强系数

【任务与要求】

设计测定弹簧的倔强系数的实验方案。

（1）写出测量方案。

（2）拟出测量步骤。

（3）列出数据处理表格。

（4）处理测量结果及误差分析。

【可供选择的仪器设备】

弹簧、砝码、细线、气垫导轨及其附件、气源、电脑计时器、天平。

【实验提示】

可选用方法：

① 用公式 $K = f/\Delta x$，测出 f 和 Δx，可算出弹簧的倔强系数 K。

② 用公式 $T = 2\pi\sqrt{m/K}$，测出 m 和 T，可算出弹簧的倔强系数 K。

③ 根据能量守恒定律，$\dfrac{1}{2}KA^2 = \dfrac{1}{2}mv_{\max}^2$，测出 m、A 和 $v_{\max}$ 可算出弹簧的倔强系数 K。

实验二十六　　基尔霍夫定律和电位的研究

【任务与要求】

设计研究基尔霍夫定律和电位的实验方案。

（1）验证基尔霍夫第一定律和第二定律。

（2）写出实验原理，画出电路图（要求至少有 3 个回路）。

（3）写出测量方案、操作步骤。

（4）列出数据处理表格。

（5）电压表和电流表的每一个读数都必须考虑量程和偏转的角度。

【可供选择的仪器设备】

电压表、电流表、电阻箱、电阻若干、直流稳压电源、单刀开关、导线若干。

【实验提示】

1. 参考方向

测量或计算电路中某一支路的电压或电流，首先应假设电压或电流的方向，并标在电路上，这个假设的方向称为电压或电流的参考方向。

参考方向并不一定是实际的方向，但它一旦设定后就不再改变。测量时，若结果与参考方向相反，则在其测量值前加负号；计算时，若结果为负，就表示实际方向与参考方向相反；若为正，则表示实际方向与参考方向相同。

2. 电位与电位差

电路中，电位的参考点选择不同，各节点的电位也不同，但任意两节点间的电位差不变，即任意两点间的电压与参考点电位的选择无关。

实验二十七　　测定未知电阻的阻值

【任务与要求】

设计测定未知电阻阻值的实验方案。

（1）写出实验原理、实验方法，画出电路图，推导出计算公式。

（2）写出操作步骤。

（3）列出数据处理表格。

（4）数据处理及误差分析。

【可供选择的仪器设备】

电压表（内阻已知）、未知电阻、直流稳压电源、单刀开关、导线若干。

【实验提示】

可把电压表分别与未知电阻串联和并联，得出电压表指示读数。

实验二十八　　把直流微安表改装成欧姆表

【任务与要求】

设计一个把直流微安表改装成欧姆表的实验方案。

（1）写出实验原理、方法，画出电路图。

（2）写出操作步骤。

（3）画出欧姆表的标盘刻度图。

（4）改装成欧姆表的量程为×1 Ω 挡、×10 Ω 挡和×100 Ω 挡。

（5）误差分析。

【可供选择的仪器设备】

直流微安表、电阻箱、滑动变阻器、干电池、单刀开关、导线若干。

【实验提示】

方法：可先确定欧姆表的中值电阻 $R_{中}$，然后确定欧姆表的标盘刻度，最后把微安表改装为欧姆表。注意改装好的欧姆表要校验。

以 200 μA 的微安表为例，中值电阻 $R_{中}$、满偏电流 I_g、表头内阻 R_g、分流电阻 R_A（兼调零电阻）、限流电阻 $R_。$等主要参数如表 28-1 所示：

表 28-1 参数表

待改装表参数	改装为欧姆表参数						
	E/V	倍率	$R_{中}/\Omega$	I_g/mA	R_g/Ω	R_A/Ω	R_o/Ω
$I'_g = 200\ \mu A$	1.5	×1	30	50	2.0	2.01	28
$U'_g = 100\ mV$	1.5	×10	300	5	20	20.8	280
$R'_g = 500\ \Omega$	1.5	×100	3 k	0.5	200	333.3	2 800

实验二十九 研究电磁感应现象

【任务与要求】

设计一个研究电磁感应现象的实验方案。

（1）设计实验方案，写出实验方法。

（2）用表格列出操作情况要点、有无感应电流、感应电流的磁场方向与原磁场方向的关系等。

【可供选择的仪器设备】

灵敏电流计、滑动变阻器、原副线圈（一套）、干电池、开关、导线、电阻器（50 kΩ 的保护电阻）。

实验三十 验证交流串联电路 $U_总 \neq U_R + U_L + U_C$

【任务与要求】

设计验证交流中联电路 $U_总 \neq U_R + U_L + U_C$ 的实验方案。

（1）设计实验方案，写出主要公式，画出电路图。

（2）写出操作步骤。

（3）列出数据表格。

（4）分析结果，得出结论。

【可供选择的仪器设备】

低压电源、电压表、电阻、电感线圈、电容器、导线若干。

阅读材料 1 "核物理女王"—— 美籍华裔核物理学家吴健雄

1990 年 5 月 18 日，经国际小行星中心批准，中科院紫金山天文台将国际编号为 2752 号的小行星命名为"吴健雄星"。吴健雄是少数在有生之年获此殊荣的科学家之一。

1. 简介

吴健雄（1912—1997 年），江苏苏州太仓人，20 世纪最杰出的物理学家之一，物理学界巨擘泡利的得意门生。她曾参加美国制造原子弹的"曼哈顿计划"，解决了链式反应无法延续的重大难题，被人们称为"原子弹之母"，素有"东方居里夫人"之称，在 β 衰变研究领域具有世界性的贡献。1934 年获得学士学位后，受聘到浙江大学任物理系助教，后进入中央研究院从事研究工作，1936 年进入美国加州大学伯克利分校，1940 年获博士学位，1944 年参加了"曼哈顿计划"，1952 年任哥伦比亚大学副教授，1958 年升为教授，同年，普林斯顿大学授予她名誉科学博士称号，并当选为美国科学院院士，1975 年任美国物理学会第一任女性会长，同年美国总统福特在白宫授予她美国最高科学荣誉——国家科学勋章。1990 年，中国南京紫金山天文台将发现的编号为 2752 号小行星命名为"吴健雄星"。1991 年，吴健雄获哥伦比亚大学的普平奖章。1994 年，吴健雄两次获全美华人协会的杰出成就奖，其先生袁家骝亦同时获奖；同年她和杨振宁、丁肇中等人同时获选为中国科学院第一届外籍院士；11 月 6 日，吴健雄再获艾瑞奖科学和平奖。她一生获得了除诺贝尔奖以外的几乎所有大奖，是多位诺贝尔奖得主推崇的传奇人物。

2. 生平经历

2.1 父亲为她植入第一颗"科学的种子"

在江苏太仓明德学校校园一隅，一株百年紫薇古朴光洁、强健旺盛，引人驻足流连。这株紫薇树是百年前太仓浏河镇的开明乡绅吴仲裔为刚刚出生的女儿栽下的，父亲希望女儿"巾帼不让须眉，胸怀男儿志"，便为女儿取名健雄。

吴仲裔思想开明，多才多艺。他亲手装了一部矿石收音机让女儿收听，并买了很多百科小丛书，向女儿讲述科学趣闻。吴仲裔尤其关注女性教育，在当地建立明德女子职业补习学校，并亲自担任校长。"大学之道，在明明德"，学校广纳四乡平民子女读书，除弘扬中华文化，还增立数学、注音符号等新兴学科。

吴健雄7岁时便进校接受启蒙教育。多年后，吴健雄回忆自己的人生历程，言及父亲对她一生的影响时还十分激动。她说："如果没有父亲的鼓励，现在我可能在中国某地的小学教书。父亲教我做人要做'大我'，而非'小我'。"

2.2 "天下无难事，只怕有心人"

在家乡念完初小，11岁时吴健雄第一次离家来到了苏州第二女子师范附小就读。几年后，吴健雄以优异的成绩升入了女子师范。在上海中国公学就读了一年后，随即以优秀成绩被保送到中央大学深造。

刚进入中央大学，吴健雄修的是数学系。然而，一年之后吴健雄转到了物理系。吴健雄曾说："因为芸芸繁多的物质世界，表象光怪陆离，内层却好像存在某些神秘奥妙的规律，深深吸引了我。"

在中央大学读书时，为了专心念书，起初与人同住的吴健雄从宿舍楼搬到平房。白天除了在教室上课，去实验室做实验，剩下的时间她就在房间里闭门读书。为了时时鞭策自己勤学不懈，吴健雄还在纸上写下"苦读"二字，置诸左右。

一间面积不过方丈，仅容一桌一椅一榻的小屋中，吴健雄总是似乎有做不完的功课，经常宿舍的总电源都关了还可以看见她在摇曳烛光中独坐看书的身影。所以吴健雄曾经的中央大学校友孙多慈说："吴健雄的用功是有名的。"

当一个人为了了解事情的真相，不辞辛劳地追根究底，不厌其烦地思索解决问题的新方法的时候，便会领略到"天下无难事，只怕有心人"这句话。

大学四年的学习生活一晃而过。1936年8月，在叔父的资助下，吴健雄远赴美国留学。

2.3 以中国人的身份参与"曼哈顿计划"

吴健雄原本计划东行到密执安大学去入学，不料在旧金山的停留，竟使她改变计划，在加州大学伯克利分校留了下来。伯克利分校当时聚集了一批年轻而又具顶尖水准的物理学家，如发明和建造回旋加速器的劳伦斯，还有后来被称为"原子弹之父"的理论物理学家奥本海默。1940年吴健雄顺利通过博士论文答辩，先后任教于美国史密斯学院、普林斯顿大学。

1942年6月，美国开始实施一个改变人类历史的科学计划——"曼哈顿"原子弹制造计划，这个计划集合了当时同盟国许多第一流的科学家。1944年3月开始，吴健雄进入哥伦比亚大学任资深科学家，并且获特殊的保密许可，以一个外国人的身份，参加当时美国最高机密的"曼哈顿计划"。

一个不具备美国国籍的中国人，凭什么参加如此机密的一个国防科学计划的核心工作？原来，吴健雄在原子核物理研究上成就斐然，她曾经独立地在铀原子核分裂产物碘中，观察并且确定出两种放射性惰性气体氙的半衰期、放射数量和同位素数量。

奥本海默对于吴健雄在核分裂方面的深刻认识也十分清楚，每次开会讨论核分裂及原子弹相关问题时，他总是会说："去叫吴小姐来参加，她知道所有关于中子吸收截面的知识。"

吴健雄的加入，以及她关于铀原子核分裂后产生的氙气对中子吸收横截面的研究成果，对于"曼哈顿计划"的顺利进展，产生了相当大的推动作用。

1945年7月16日，在新墨西哥州的一个沙漠中，人类第一颗原子弹试爆成功。它惊人的威力，使人目盲的闪光和巨大的蘑菇状云层，象征一个新时代的降临。三个星期后，投在日本广岛和长崎的两颗原子弹，终于促成了第二次世界大战的结束。

2.4　李政道、杨振宁获诺贝尔奖的"幕后英雄"

1956 年 4 月，李政道和杨振宁提出了一个大胆而革命性的质疑——宇称不守恒。但这个质疑有赖于实验论证。为此，在 5 月时，两人决定恭请吴健雄出山。

吴健雄原本计划与丈夫赴欧洲讲学，为了这次前人未曾涉足的实验，她毅然放弃了此行。

实验难度之高，精确条件要求之严苛远出乎吴健雄的设想，为此她只好到华盛顿的国家标准局进行她的实验。

在极其紧张的现场，为了不错过仪器仪表的任何一个细微变化，吴健雄每天只吃两个三明治，喝几杯咖啡，寸步不离实验室。远在纽约的李政道和杨振宁时刻惦念着实验的进程。"对于你们的假设，我抱同样的信心！"吴健雄在电话这头不断重复着这句话。

1956 年 12 月 2 日，吴健雄终于得出了第一次实验结果：β射线的不对称现象非常明显。又经过各种有效的方法检测和重新验证，结果依然如此。

1957 年 10 月，李政道、杨振宁因此获得了当年的诺贝尔物理学奖。

那一年瑞典皇家科学院的诺贝尔委员会，没有把诺贝尔奖颁给吴健雄。许多大科学家都公开表示了他们的意外和不满："这是诺贝尔委员会最大的失误。宇称不守恒的构想虽然是杨、李提出的，但却是吴健雄做实验发现的。"

对于自己没有得到诺贝尔奖，吴健雄显得很坦然，"我的一生，全然投身于弱相互作用方面的研究，也乐在其中，我从来没有为了得奖而去做研究工作。""但是，当我的工作因为某些原因而被人忽视，依然是深深地伤害了我。"

3. 科学贡献

3.1　β衰变实验

（1）用β衰变实验证明了在弱相互作用中的宇称不守恒。

1956 年之前，吴健雄已因在β衰变方面所作过的细致精密又多种多样的实验工作而为核物理学界所熟知。1956 年，李政道、杨振宁提出在β衰变过程中宇称可能不守恒之后，吴健雄和她的实验小组进行了一个实验，在极低温下用强磁场把钴 - 60 原子核自旋方向极化（即使自旋几乎都在同一方向），观察钴 - 60 原子核β衰变放出的电子的出射方向。他们发现绝大多数电子的出射方向都和钴 - 60 原子核的自旋方向相反，即钴 - 60 原子核的自旋方向和它的β衰变的电子出射方向形成左手螺旋，而不形成右手螺旋。但如果宇称守恒，则必须左右对称，左右手螺旋两种机会相等。因此，这个实验结果证实了弱相互作用中的宇称不守恒。

（2）核β衰变中矢量流守恒定律。

1963 年吴健雄证明了核β衰变中矢量流守恒定律，这是物理学史上第一次由实验证实电磁相互作用与弱相互作用有密切关系，对后来电弱统一理论的提出起了重要作用。

（3）β衰变研究的其他贡献。

吴健雄与 S·A·兹科夫斯基（Moczkowski）合著有《β衰变》一书；在 K·西格邦（Siegbahn）所编《α-，β-和γ-射线谱学》一书中，她也是关于β衰变和β相互作用部分的撰稿人。吴健雄在β衰变研究方面的学术成就还有：

① 证实了 β 谱形状的源效应，澄清了早期 β 衰变理论中的一些错误，支持了费米理论。

② 对 β 衰变的各种跃迁，特别是对禁戒跃迁的全部级次进行了系统的研究，丰富和完善了 β 衰变的理论。

③ 对双 β 衰变的研究。1970 年，吴健雄等报道了一次在美国克里夫兰附近的一个 600 余米深的盐矿井内进行的 48 Ca 双 β 衰变实验。

3.2 关于量子力学的基本哲学方面的实验

1935 年，爱因斯坦、波多尔斯基、罗森发表了一篇论文，对哥本哈根学派创立的量子力学描述的完备性提出了疑问，他们的看法可归结为一个佯谬。由于对量子力学关于物理量可测度性及概率概念的认识有不同看法，爱因斯坦始终认为应当有一种理想的、确定的、对物理实质有完备叙述的理论出现以代替目前的量子力学数学结构，因而到了后来有"隐变量理论"的出现，即认为量子力学中的"概率"乃是对某些目前未知的"隐变量"作某种平均的结果。因此，几十年来有一些物理学家企图寻觅这些"隐变量"以建立新的、完备的量子力学，但均未成功。而另一些物理学家则否认有这些"隐变量"存在，事实上已有人证明在希尔伯特的某些条件下，目前的量子力学的数学结构是不容隐变量存在的。

吴健雄等早在 1950 年就发表了一篇关于"散射湮没辐射的角关联"的文章，实验表明具有零角动量的正、负电子对湮没后发出的两个光量子，如狄拉克理论所预料，将互成直角而被极化，也证明正电子与负电子的宇称相反，说明与目前的量子力学并无矛盾。1975 年吴健雄等又发表了一篇题为《普顿散射的湮没光子的角关联以及隐变量》的文章，报道他们测得的在一很宽的散射角范围内到达符合的康普顿散射光子的角分布，其结果与假设电子与正电子有相反的宇称为前提而得到的标准的量子力学计算相符。J・S・贝尔（Bell）在 1964 年曾对任何局部隐变量理论所能预言的角分布取值范围作了限定，而吴健雄等所观察到的角分布在假设通常的量子力学康普顿散射公式是正确的前提下并不符合贝尔的限定，这样也就再次对局部隐变量理论作了否定，从而在更高程度上支持了量子力学的正统法则。

3.3 μ 子、介子和反质子物理方面的实验研究

从 20 世纪 60 年代中期开始的 10 年间，吴健雄集中力量从事这一中、高能物理领域的实验工作，发表了大量论文，有不少工作富有首创性和很高的学术价值。

μ 子物理方面的工作包括：Sn，Nd，W 等元素的 μ 子 X 射线的同位素移位的测定；209 Bi μ 子 X 射线的磁偶极矩和电四极矩超精细相互作用的研究；近 10 种 μ 子原子中核 γ 射线的测定等。

介子和反质子物理方面的工作主要是利用布鲁克海文国家实验室内的交变梯度同步加速器产生的强大的 K−，Σ−和粒子流，以高分辨率 Ge（Li）探测器为工具，用奇异原子方法准确地测定了这些粒子的质量和磁矩。

3.4 穆斯堡尔效应的测量及其应用方面的工作

在 1958 年发现穆斯堡尔效应之后，吴健雄就开始对它进行深入研究。他们专门研制了一种闭环氦制冷器用于低温穆斯堡尔效应研究，其温度控范围为 20～300 K，对于放射源或库仑激发源均可使用。他们用库仑激发后产生的穆斯堡尔效应，分别测量了钨同位素（182，184，186 W）和铪同位素（176，178，180 Hf）的第一激发 2＋态中的电四极矩的比率，并与转动模型所预期的结果作了比较。在 1978 年，他们进一步用一个 3 He/4 He 稀释制冷器使穆斯堡尔测量得以在低至 0.03 K 的温度下进行，以研究氧高铁血红素的磁性质与弛豫特性，

结果表明在约 0.13 K 时该血红素进行磁跃迁；利用这一装置还在诸如收体温术、弛豫效应、与温度有关的超精细场的研究等方面进行了一些实验，得出了许多有意义的结果。

3.5　其他实验工作

吴健雄在实验核物理方面的研究工作涉及面广。曾对多种核辐射测器的开发、改进做出了贡献，例如薄窗盖革计数器、某些塑料闪烁探测器、Ge（Li）半导体探测器等。至于所涉足的实验工作，较早期完成的有某些放射性同位素的分析，慢中子速度谱仪研究（多种材料），中子在正氢和仲氢中的散射以及核力范围的探讨，在气体中形成电子偶素时电场影响的研究，延迟符合技术用于测 42 Ca 和 47 Sc 的激发态的寿命，中子与 3 He 的相互作用的研究，高能级发出的内转换谱线的观察、对正电子谱及正电子湮没的研究，等等。

阅读材料 2　LED 技术与应用

1. 发光二极管 LED

发光二极管，Light-Emitting Diode，也就是 LED，是继油灯、白炽灯和荧光灯之后照明技术的又一次突破。20 世纪 60 年代，人们发明了红色及绿色 LED，并被应用于机器仪器的显示光源。但三原色之一的蓝色 LED 却因在材料结晶环节遇阻而被断言"难以在 20 世纪实现"。由于光的三原色包含红、绿、蓝三色，蓝色光源的缺失，令照明的白色光源始终无法创建。无论是在科学界还是工业界，如何造出蓝光 LED 曾困扰了人们数十年。1989 年日本科学家在全球首次实现了蓝色 LED。而蓝色发光二极管的诞生补齐了光谱，使得白光 LED 成为可能，最终走入千家万户。

1973 年，当时在日本松下电器公司东京研究所的赤崎勇最早开始了蓝光 LED 的研究。后来，赤崎勇和天野浩在名古屋大学合作进行了蓝光 LED 的基础性研发，一起向难倒了全球研究者的氮化镓结晶制作发起了挑战。经过反复实验，他们成功制成了氮化镓结晶，并于 1989 年在全球首次研发成功了蓝光 LED。

随后，当时在日本德岛县日亚化学工业公司当技术员的中村修二独立研发出了大量生产氮化镓晶体的技术，并成功制成了高亮度蓝色 LED。中村还发明了蓝色半导体激光器，并在全球首次将这两项发明投入实际生产。他的实用化研究让该公司于 1993 年首次推出 LED 照明成品，从而引发了照明技术革命。

蓝色 LED 的发明打开了自由表现色彩的大门，室外的大屏幕及信号器相继问世。

现在，采用蓝光 LED 技术的产品进入了全世界的千家万户，它为你照明，它存在于你的相机和手机里。在全世界各地的办公室、家庭和道路两旁，白色灯光照亮了屋子和街道，而它们所耗费的能源则要比白炽灯和日光灯小得多。2014 年诺贝尔物理学奖得主正是开发蓝色 LED 的日本名城大学终身教授赤崎勇、美国加州大学圣塔芭芭拉分校教授中村修二及名古屋大学教授天野浩，在颁奖词中，诺贝尔奖委员会写道："白炽灯照亮 20 世纪，而 LED 灯将照亮 21 世纪。"

将蓝色 LED 与黄色荧光物质结合制成的白色 LED 在迅速普及的过程中替代了白炽灯泡及荧光灯，取得了很高的节电效果。LED 灯高效节能且寿命长久，能持续照亮约 10 万小时，而白炽灯和荧光灯的寿命仅为 1 000 小时和 1 万小时。这种灯诞生以来也一直在不断提高发光效率，最新纪录达到了每瓦功率产生 300 lm 的亮度，相当于白炽灯的 15 倍。

目前，世界上四分之一的电力用于照明，蓝光 LED 以及 LED 照明的发明有助于全球节能减排。在许多不发达地区，低能耗的 LED 灯依靠当地低成本的太阳能小型电站电力就能实现照明。对于全球 15 亿尚未能受益于电网的人口来说，这种新型光源带来了更高生活品质。2014 年的获奖成就，一方面继承了阿尔弗雷德·诺贝尔的应用精神，另一方面也呼应了眼下的环保主题。

2. LED 的发展历程

2.1　早期电致发光现象研究

LED 的研究起始于对碳化硅（SiC）晶体的研究。1907 年，英国科学家 Henry Joseph Round 发现在施加电流时能够在碳化硅晶体中发现发光现象。1927 年，俄罗斯科学家 Oleg Lossew 再次观察到光发射"Round 效应"。随后他更为详细地检验并描述了这一现象。1935 年，法国科学家发表了一份硫化锌粉末通电发光现象的报告，为纪念前人将这一效应命名为"Lossew 光"，并提出了今天"电致发光现象"这一术语。这一时期的电致发光现象缺乏成熟的理论支持，也没有和半导体工业联系起来。发光材料多为不纯结晶体，发光效率极低，重复性不高。这时期的电致发光现象仅仅停留在纸面上，并不具备和其他光源竞争的能力。

2.2　准现代 LED

20 世纪 50 年代初，半导体物理学的发展为电致发光现象提供了理论基础，而半导体工业为 LED 研究提供了纯净、掺杂可控的半导体晶片。在这一时期，以半导体晶片为基础的二极管型发光器件开始高速发展，成了俗称的发光二极管（LED），同其他不借助半导体工业的电致发光现象分离形成了一个单独的研究领域。

1962 年，GE 公司（美国通用电气公司）的 Nick Holonyak Jr. 和 S. F. Bevacqua 等使用磷砷化镓（GaAsP）材料制成了红色发光二极管，这是第一个可见光 LED，被视为现代 LED 之祖。1965 年，红色发光 LED 商业化，其后不久磷砷化镓红色商业化。这时的 LED 光通量只有千分之几个流明，相应的发光效率约 0.1 lm/W（流明/瓦），单价 45 美元，比一般的 60 W 至 100 W 白炽灯的 15 lm/W 要低得多。1968 年，出现了氮掺杂砷化镓（GaAs）的 LED。到 70 年代早期，出现磷化镓（GaP）绿色 LED 和碳化硅黄光 LED，新材料的引入提高了 LED 的发光效率，并将 LED 的发光光谱扩展到橙光、黄光和绿光。光效也提高到 1 lm/W。

这段时间里的 LED 发光效率还非常低，早期磷砷化镓 LED 的光效只有白炽灯的 1/100，后来氮掺砷化镓 LED 也只有白炽灯的 1/10，在照明应用上毫无前途，主要利用它比钨丝灯泡可靠性高出许多的优点用在设备的指示灯上。到 20 世纪 70 年代，由于 LED 器件在家庭与办公设备中的大量应用，LED 的价格直线下跌。LED 主要被应用在数字与文字显示技术领域。

2.3　现代 LED

LED 的进一步发展要求它在两个方面有显著改进，一是获取能够发出可见光谱蓝紫场光色的 LED，进行全色显示；二是极大地提高光效。80 年代早期的重大技术突破是开发出了 AlGaAs LED，它能以 10 lm/W 的发光效率发出红光。这一技术进步使 LED 能够应用于室外信息发布以及汽车高位刹车灯（CHMSL）设备。1990 年，业界又开发出了能够提供最好的红色器件性能的 AlInGaP 技术，这比当时标准的 GaAsP 器件性能要高出 10 倍。1993 年，日亚化学公司的中村修二等人开发出首个明亮蓝色的氮化镓 LED，随后用氮化铟镓（InGaN）半导体制造出了超高亮度的紫外、蓝色和绿色 LED，用磷化铝镓铟（AlGaInP）半导体制备出超高亮红色和黄色 LED，并设计出了白色 LED。凭此成就，他和另外两位科学家获得了 2014 年诺贝尔物理学奖。到 1999 年，输入功率达 1 W（瓦）的 LED 商品化。

近十年来，LED 发展集中于光效的提高。白光 LED 的光效在 2006 年达到 130 lm/W 左右，成为仅次于气体放电灯的高效率电光源。2013 年白光 LED 的实验室光效已经超过 300 lm/W，是 50 年前 LED 效率的数千倍，成了效率最高的电光源。

3. LED 光源的特点和性能

3.1 发光效率高

LED 经过几十年的技术改良，其发光效率有了较大的提升。白炽灯、卤钨灯光效为 12～24 lm/W，荧光灯 50～70 lm/W，钠灯 90～140 lm/W，大部分的耗电变成热量损耗。LED 光效经改良后将达到 50～200 lm/W，而且其光的单色性好、光谱窄，无须过滤可直接发出有色可见光。2013 年白光 LED 的实验室光效已经超过 300 lm/W。

3.2 耗电量少

LED 单管功率 0.03～0.06 W，采用直流驱动，单管驱动电压 1.5～3.5 V，电流 15～18 mA，反应速度快，可在高频操作。同样照明效果的情况下，耗电量是白炽灯泡的万分之一，荧光灯管的二分之一。就桥梁护栏灯为例，同样效果的一支日光灯是 40 W，而采用 LED 每支的功率只有 8 W，而且可以产生七彩变化。

3.3 使用寿命长

采用电子光场辐射发光，灯丝发光有易烧、热沉积、光衰减等缺点。而 LED 灯体积小、重量轻，采用环氧树脂封装，可承受高强度机械冲击和震动，不易破碎。平均寿命达 10 万小时。LED 灯具使用寿命可达 5～10 年，可以大大降低灯具的维护费用，避免经常换灯之苦。

3.4 安全可靠性强

LED 使用低压电源，供电电压在 6～24 V 之间，比使用高压电源更安全，特别适用于公共场所。LED 是冷光源，发热量低，无热辐射性，可以安全触摸。能精确控制光型及发光角度，光色柔和，无眩光。内置微处理系统可以控制发光强度，调整发光方式，实现光与艺术结合。

3.5 环保且性价比高

LED 为全固体发光体，耐震，耐冲击，不易破碎，由于采用电致发光的原理，没有有害金属汞、钠元素等污染问题，废弃物可回收，没有污染。当然，节能是我们考虑使用 LED 光源的最主要原因，也许 LED 光源要比传统光源昂贵，但是用一年时间的节能就可以收回光源的投资，从而获得 4～9 年中每年几倍的节能净收益。

3.6 适用性强

LED 光源体积小，重量轻，每个单元 LED 小片是 3～5 mm 的正方形，可以封装成各种形状的器件，并且适合于易变的环境。而体积小，它还可以随意组合，容易开发成轻便薄短小型照明产品，便于安装和维护。

3.7 响应时间短

白炽灯的响应时间为毫秒级，LED 灯的响应时间为纳秒级，可以高频操作。

3.8 颜色丰富多彩

现在已经制得全部可见颜色的器件。可以通过化学修饰方法，调整材料的能带结构和带隙，实现红、黄、绿、蓝、橙多色发光。改变电流可以变色，如小电流时为红色的 LED，随着电流的增加，可以依次变为橙色、黄色，最后为绿色。

阅读材料 3　光纤通信概述

1. 光纤通信及其特点

光纤通信系统是以光为载波，利用纯度极高的玻璃拉制成极细的光导纤维作为传输媒介，通过光电变换，用光来传输信息的通信系统。

光纤即光导纤维的简称，它由单根玻璃光纤、紧靠纤芯的包层、一次涂覆层以及套塑保护层组成。纤芯和包层由两种光学性能不同的介质构成，内部的介质对光的折射率比环绕它的介质的折射率高，因此当光从折射率高的一侧射入折射率低的一侧时，只要入射角度大于一个临界值，就会发生全反射现象，能量将不受损失，这时包在外围的覆盖层就像不透明的物质一样，防止了光线在穿插过程中从表面逸出。因此，光纤与以往的铜导线相比，具有损耗低，频带宽，无电磁感应等传输特点。

光纤通信以其传输频带宽、抗干扰性高和信号衰减小的特点，而远优于电缆、微波通信的传输，已成为世界通信中主要传输方式。因此，人们希望将光纤作为灵活性强，经济的优质传输介质，广泛地应用于数字传输方式和图像通信方式中，这种通信方式在今后非话业务的发展中是不可缺少的。

2. 光纤通信系统的组成

光纤通信系统主要由电端机、光端机、光纤、中继器等组成。通信是双方向的，如以一个方向为例，则该方向包括 6 个部分，即电发送侧、光发送侧、光纤、中继器、光接收侧、电接收侧。电发送侧和电接收侧属于电端机（多路调制解调设备）；同理，光发送侧和光接收侧属于光端机。此外还有一些附属设备，如光纤配线架等。

（1）光发信机：光发信机是实现电/光转换的光端机。它由光源、驱动器和调制器组成，其功能是用来自于电端机的电信号对光源发出的光波进行调制，成为已调光波，然后再将已调的光信号耦合到光纤或光缆去传输，电端机就是常规的电子通信设备。

（2）光收信机：光收信机是实现光/电转换的光端机。它由光检测器和光放大器组成，其功能是将光纤或光缆传输来的光信号，经光检测器转变为电信号，然后再将这微弱的电信号经放大电路放大到足够的电平，送到接收端的电端机去。

（3）光纤或光缆：光纤或光缆构成光的传输通路。其功能是将发信端发出的已调光信号，经过光纤或光缆的远距离传输后，耦合到收信端的光检测器上去，完成传送信息任务。

（4）中继器：中继器由光检测器、光源和判决再生电路组成。它有两个作用：一个是补偿光信号在光纤中传输时受到的衰减；另一个是对波形失真的脉冲进行整形。

（5）电发送侧：其主要任务是将电信号进行放大、复用、成帧等处理，然后输送到光发送侧。

（6）电接收侧：其主要任务是对电信号进行解复用、放大等处理。

（7）光纤连接器、耦合器等无源器件：由于光纤或光缆的长度受光纤拉制工艺和光缆施工条件的限制，且光纤的拉制长度也是有限度的（如 1 km）。因此一条光纤线路可能存在多根光纤相连接的问题。于是，光纤间的连接、光纤与光端机的连接及耦合，对于光纤连器、耦合器等无源器件的使用是必不可少的。

3. 光纤通信系统的工作原理

光纤通信的基本原理是：在发送端首先要把传送的信息（如话音）变成电信号，然后调制到激光器发出的激光束上，使光的强度随电信号的幅度（频率）变化而变化，并通过光纤发送出去；在接收端，检测器收到光信号后把它变换成电信号，经解调后恢复原信息。

目前实用的光纤通信系统都采用直接检波系统。直接检波系统就是在发送端直接把信号调制到光波上，而在接收端用光电检波管直接把被调制的光波检波为原信号的系统。电端机就是一般电信号设备，例如载波机或电视图像发送与接收设备等。光端机则是把电信号转变为光信号（发送光端机），或把光信号转变为电信号（接收光端机）的设备。发送光端机的作用是将发送的电信号进行处理，加在半导体激光器上，使电信号调制到光波上，然后将此已调制光波送入光导纤维，已调制光波经光导纤维传送至接收光端机的半导体光电管上进行检波。检波后得到的电信号经过适当处理再送到接收电端机，然后按一般电信号处理。这就是整个光纤通信的过程。

4. 光纤通信的应用及发展

由于光纤通信具有一系列优异的特点，因此，光纤通信技术近几年来发展速度之快，应用面之广是通信史上罕见的。

（1）广泛应用于市话中继线领域。光纤通信的优点在这里可以充分发挥，逐步取代电缆。

（2）应用于长途干线通信。过去主要靠电缆、微波、卫星通信，现已逐步使用光纤通信并形成了占全球优势的比特传输方法。

（3）应用于全球通信网、各国的公共电信网（如中国的国家一级干线、各省二级干线和县以下的支线）。

（4）应用于高质量彩色的电视传输、工业生产现场监视和调度、交通监视控制指挥、城镇有线电视网、公用天线（CATV）系统。

（5）在光纤局域网和其他如在飞机内、飞船内、舰艇内、矿井下、电力部门、军事及有腐蚀和有辐射等环境中使用。

总之，在当今的社会和经济发展中，信息容量日益剧增，为提高信息的传输速度和容量，光纤通信已被广泛地应用于信息化的发展，并将会成为继微电子技术之后信息领域中的重要技术。

现存技术上的接入网依旧是利用双绞线铜线的连接，仍然是原始的、落后的模拟系统。而光孤子通信在超长距离、高速、大容量的全光通信中，尤其在海底光通信系统中，有着光明的发展前景。对光纤通信而言，超高速度、超大容量和超长距离传输一直是人们追求的目标，未来的高速通信网将是全光网络，它是光纤通信技术发展的最高阶段，也是理想阶段。

传统的光网络实现了节点间的全光化，但在网络节点处仍采用电器件，限制了目前通信网干线总容量的进一步提高，因此真正的全光网已成为一个非常重要的课题。全光网络以光节点代替电节点，节点之间也是全光化，信息始终以光的形式进行传输与交换，交换机对用户信息的处理不再按比特进行，而是根据其波长来决定路由。目前，全光网络的发展仍处于初期阶段，但它已显示出了良好的发展前景。从发展趋势上看，形成一个真正的、以 WDM 技术与光交换技术为主的光网络层，建立纯粹的全光网络，消除电光瓶颈已成为未来光通信发展的必然趋势，更是未来信息网络的核心，也是通信技术发展的最高阶段。

阅读材料 4　高速铁路与中国高铁

1. 高速铁路

高速铁路主要是指通过改造原有线路（直线化、轨距标准化），使营运速率达到每小时 200 公里以上，或者专门修建新的"高速新线"，营运速率达到每小时 250 公里以上的铁路系统。高速铁路建设是一项系统工程，其技术高低，不仅看铁路，还要看工务工程、通信信号、牵引供电、车辆制造等多方面技术水平。

1964 年 10 月 1 日，最高时速达 210 公里的日本东海道新干线开通，标志着真正意义的高速铁路诞生。此后，法国、德国、意大利等国相继开工建设高速铁路，促成了高速铁路建设的第一次高潮，到 20 世纪 90 年代初，建成了 3 216 公里高速铁路。高速铁路运营取得了明显的社会经济效益，促使欧洲在 20 世纪 90 年代再次形成了高速铁路的建设热潮。中国从 2004 年作出引进德国和法国等国外高速列车决定之后，在短短的 6 年间，经历了"市场换技术"的过程，并已从"引进、消化、吸收"的起步阶段，进化到向外输出技术的阶段。目前，中国是世界上高速铁路发展最快、系统技术最全、集成能力最强、运营里程最长、运营速度最高、在建规模最大的国家。

2. 中国高速铁路的创新

为实现建设世界一流高速铁路的宏伟目标，中国铁路大力推进体制创新、管理创新、技术创新。

在体制创新方面，创建了合资建路的崭新模式。中国铁道部与 31 个省市自治区签订了加快铁路建设的战略合作协议，新线建设项目基本上都是与地方政府或战略投资者合资，广泛吸引各方面资金投资铁路建设，形成了集全社会之力建高铁、推进铁路现代化的生动局面。

在管理创新方面，充分发挥中国铁路路网完整、运输集中统一指挥的优势，统筹利用铁路内外的各方面科研力量和人力资源，形成强大合力。在铁路建设中，无论是工程管理部门，还是设计、施工、监理单位，都协调行动，组织起了强大的工程建设队伍；在技术装备制造中，无论是运营单位，还是制造企业、科研院所，都统一步调，形成了强大的研发制造体系。这种科学高效的管理模式，大大提高了中国高速铁路网建设的效率和效益。

在技术创新方面，中国瞄准世界最先进水平，把原始创新、集成创新和引进消化吸收再创新有机结合起来，立足于提高自主创新能力，统一组织，形成一个"拳头"，坚持整个铁路技术创新体系一盘棋，在引进和掌握先进技术的基础上，统一搭建了中国高速铁路的技术平台，走出了一条铁路自主创新的成功之路。中国高速铁路的工程建造技术、高速列车技术、列车控制技术、客站建设技术、系统集成技术、运营维护技术不仅达到了世界先进水平，而且形成了具有自主知识产权的高速铁路成套技术体系。

3. 中国高速铁路现状与未来

目前，中国高速铁路运营状况总体很好。一是设备质量可靠。无论是线路基础、通信信号、牵引供电等固定设备，还是动车组等移动设备，质量稳定，运行平稳。二是运输安全稳定。高速安全保障体系日趋完善，职工队伍素质过硬，保持了良好的安全记录。三是经营状况良好。高速铁路受到广大旅客的青睐，市场需求旺盛。目前，全国铁路每天开行高速列车1 000 列左右，平均上座率达到 101.7%。高速铁路为广大旅客创造了美好生活的新时空，赢得了大家的赞誉。

几年来，中国高速铁路建设已进入全面收获时期。截至 2013 年 12 月，中国大陆已开通高铁总里程 11 152 公里，在建高铁项目总里程约 9 000 公里上下。邻近省会城市已形成 1 至 2 小时交通圈，省会与周边城市形成半小时至 1 小时交通圈。北京到全国绝大部分省会城市将形成 8 小时以内交通圈，例如，1 小时内能到达天津、石家庄等城市；2 小时能到达郑州、济南、沈阳、太原等城市；3 小时能到达南京、合肥、长春、大连等城市；4 小时能到达上海、杭州、武汉、西安、哈尔滨等城市。除海口、乌鲁木齐、拉萨、台北外，北京到全国省会城市都将在 8 小时以内。

前瞻产业研究院数据显示，2010 年，中国铁路旅客发送量为 16.4 亿人，高铁旅客发送量为 2.94 亿人，占铁路总发送量的 17.9%；2011 年，中国铁路旅客发送量为 18.62 亿人，其中高速铁路发送量为 4.2 亿人，比上年增加 1.26 亿人，占铁路总发送量的 22.56%。这一比例在新的高速线路不断开通的情况下不断提升，2012 年，中国铁路旅客发送量为 18.93 亿人，中国高铁旅客发送量达到 4.7 亿人。

到 2020 年，中国铁路营业里程将达到 12 万公里以上。其中，新建高速铁路将达到 1.6 万公里以上，加上其他新建铁路和既有线提速线路，我国铁路快速客运网将达到 5 万公里以上，连接所有省会城市和 50 万人口以上城市，覆盖全国 90% 以上人口，"人便其行、货畅其流"的目标将成为现实。

4. 中国高速铁路发展的巨大作用

为经济社会又好又快发展提供重要支撑和保障作用。当前，我国正处在工业化和城镇化加速发展时期。高速铁路对于保证城镇人口的大量流动，实现中心城市与卫星城镇的合理布局，发挥中心城市对周边城市的辐射带动作用，强化相邻城市的"同城"效应，具有重要作用。高速铁路还有利于推动区域和城乡协调发展。可以大大缩短各区域间和城乡间的运输距离，我国东西间、南北间将不再遥远，中部地区也必定更加通达。同时，也将促进区域间、城乡间劳动力尤其是人才、信息等要素的快速流动，带动相关产业由经济发达地区向欠发达地区的转移，增强农村的"造血"功能。高速铁路不仅是高新技术的集成，而且产业链很长，能够带动相关产业结构优化升级。高速铁路为旅游业的发展提供了极大便利，会像青藏铁路那样，带来旅游业的大发展，对于提高我国第三产业的比重产生重要作用。

有利于资源节约型和环境友好型社会建设。节能减排是发展低碳经济必须解决的重大课题。发展高速铁路，可以节省大量土地。我国高速铁路大量采用"以桥代路"，不仅大大提高了线路基础稳固程度，有效减少了铁路对沿线城镇的切割，更重要的是节省了大量土地。高速铁路，是发展低碳经济的首选交通工具。中国的"和谐号"高速动车组全部采用再生制动，节约了大量能源尤其是宝贵的石油资源。高速铁路车站均设计了超大面积的玻璃穹顶，在各层地面还做了透光处理，充分利用自然光照明。有的车站采用了热电冷三联供和污水源热泵技术，可以实现能源的梯级利用。有的车站采用了太阳能光伏发电技术，充分利用了太阳能，大量减少碳排放。在高速铁路的设计建设过程中，我们同步实施了桥下植被绿化、边坡绿色防护等措施，既有效防止了水土流失，又绿化美化了沿线环境。对高速铁路沿线桥梁、站房、雨棚、站区等建筑进行"景观设计"，力求与既有建筑和谐相融。安装了声屏障，有效降低了噪声污染。高速列车全部安装了真空式集便装置，实现了污物、污水集中收集和垃圾零排放。

推动了铁路交通在全球的新一轮复兴。速度作为交通运输现代化的重要标志之一，往往在很大程度上影响着某种运输方式或某种交通工具的兴衰。铁路自诞生以来，正是由于它在运输速度和运输能力上的巨大优势，才在很长的历史时期内成为世界各国交通运输的骨干，极大地推动着人类社会进步和文明进程。曾几何时，由于忽视了普遍行车速度的提高，铁路在速度方面的优势迅速缩小，甚至消失。速度慢成了阻碍铁路发展的重要因素之一。铁路一度被人们称为"夕阳产业"。高速铁路出现以后，特别是中国高速铁路的迅猛发展，使世界铁路找到了突破口，焕发了青春，出现了新的生机，开始了新一轮的复兴。从世界交通运输发展趋势看，铁路正越来越受到各国政府的高度重视。

阅读材料 5　3D 打印机的基本原理和应用简介

三维打印（3D printing），即快速成形技术的一种，它是一种以数字模型文件为基础，运用粉末状金属或塑料等可粘合材料，通过逐层打印的方式来构造物体的技术。过去其常在模具制造、工业设计等领域被用于制造模型，现正逐渐用于一些产品的直接制造。特别是一些高价值应用（比如髋关节或牙齿，或一些飞机零部件）已经有使用这种技术打印而成的零部件。3D 打印机能打印出汽车、步枪，等等，甚至有设计师用 3D 打印机造房子，看起来真是很不可思议，下面就让我们一起来探究一下 3D 打印机的原理。

1. 3D 打印机基本原理

3D 打印并非是新鲜的技术，这个思想起源于 19 世纪末的美国，并在 20 世纪 80 年代得以发展和推广。中国物联网校企联盟把它称作"上上个世纪的思想，上个世纪的技术，这个世纪的市场"。

3D 打印机，其实是以一种数字模型文件为基础，运用粉末状金属或塑料等可粘合材料，通过逐层打印的方式来构造物体的技术。由于在 3D 打印机原理中把复杂的三维制造转化为一系列二维制造的叠加，因而可以在不用模具和工具的条件下生成几乎任意复杂的零部件，极大地提高了生产效率和制造柔性。

使用一般打印机打印一封信的过程是：轻点电脑屏幕上的"打印"按钮，一份数字文件便被传送到一台喷墨打印机上，它将一层墨水喷到纸的表面以形成一副二维图像。而在 3D 打印时，软件通过电脑辅助设计技术（CAD）完成一系列数字切片，并将这些切片的信息传送到 3D 打印机上，后者会将连续的薄型层面堆叠起来。直到一个固态物体成形。

堆叠这些"切片"的方式有很多种。小型 3D 打印机最为常用的就是用液态材料沉积成形，这个有点类似喷墨打印机，只不过喷头喷出的不是墨水而是热塑性塑料或共晶系统金属等可迅速固化的材料。

还有一些系统使用粉末微粒作为打印介质。粉末微粒被喷撒在铸模托盘上，形成一层极薄的粉末层，然后由喷出的液态黏合剂进行固化。它也可以使用一种叫作"激光烧结"的技术熔铸成指定形状。当遇到包含孔洞及悬臂这样的复杂结构时，介质中就需要加入凝胶剂或其他物质以提供支撑或用来占据空间。这部分粉末不会被熔铸，最后只需用水或气流冲洗掉支撑物便可形成孔隙。如今可用于打印的介质种类多样，从繁多的塑料到金属、陶瓷以及橡胶类物质。有些打印机还能结合不同介质，令打印出来的物体一头坚硬而另一头柔软。

2. 3D 打印机的应用

利用 3D 打印机，工程师可以验证开发中的新产品，把手中的 CAD 数字模型用 3D 打印机造成实体模型，可以方便地对设计进行验证，及时发现问题，相比传统的方法可以节约大量的时间和成本。

3D 打印机也可以用于小批量产品的生产，这样就可以快速地把产品的样品提供给客户，或进行市场宣传，不用等模具造好后才造出成品，对于某些小批量定制的产品甚至连模具的成本都可以省去，比如电影中用到的各种定制道具。

3D打印的价值还体现在想象力驰骋的各个领域，3D打印正让"天马行空"转变为"脚踏实地"的可能，人们利用3D打印为自己所在的领域贴上了个性化的标签。人们纷纷展示了如何3D打印马铃薯、巧克力、小镇模型，甚至扩展到用3D打印汽车和飞机。3D打印行业的发展犹如其定义本身，始终凸显着"创新突破"这一关键特质。

创新突破1：3D打印应用领域扩展延伸。

随着3D打印材料的多样化发展以及打印技术的革新，3D打印不仅在传统的制造行业体现出非凡的发展潜力，同时其魅力更延伸至食品制造、服装奢侈品、影视传媒以及教育等多个与人们生活息息相关的领域。

创新突破2：3D打印速度、尺寸及技术日新月异。

在速度突破上，2011年，个人使用3D打印机的速度已突破了送丝速度300 mm/s的极限，达到350 mm/s。在体积突破上，3D打印机体积为适合不同行业的需求，也呈现"轻盈"和"大尺寸"的多样化选择。目前已有多款适合办公室打印的小巧3D打印机，并在不断挑战"轻盈"极限，为未来进入家庭奠定基础。

利用3D打印技术改善艺术及生活的例子屡见不鲜。例如荷兰时尚设计师Iris van Herpen展示了其服装设计作品，这些服装作品全部使用3D打印机一次成形。通过3D打印技术制造的服装，突破了传统服装剪裁的限制，帮助设计师完整地展现其灵感。而在康奈尔大学的一个项目中，研究团队制造了一台3D打印机用于打印食物，展现了烹调的独特方式。其优势在于能够精确控制食物内部材料分布和结构，将原本需要经验和技术的精细烹调转换为电子屏幕前的简单设计。

阅读材料 6　暗物质及其观测简介

寻找暗物质有着重大的科学意义，它决定着宇宙的结构与演化规律。仅仅只具有引力作用而无电磁相互作用的物质被称为"暗物质"。观测显示，我们的宇宙中存在数目巨大的暗物质。一个体系中包含的暗物质的数量通常用下列方法确定：暗物质的引力场会对其周围其他一些物体（例如恒星或气体星云）的运动产生明显的影响。检验星系是否存在暗物质的另一个可靠证据是旋涡星系的转动曲线：$v-r$ 曲线，v 可以由 HⅡ区光谱及 21 cm 射电谱给出。根据现有的引力理论，对于有限质量的旋涡星系，转动曲线在足够大的距离上应该呈衰减趋势。

在已知的范畴里，暗物质好似在宇宙中纵横交错编织了一张巨大而看不见的网，被认为是促成星系、恒星和行星产生的原因，主导了宇宙结构的形成。虽然尚不能确定其在宇宙物质总量中所占的比例，但这个数字应大于 80%。因此在天文学和物理学家眼中，对暗物质的认识每前进一小步，都意味着对宇宙未知领域探索迈出一大步。

但目前技术上存在瓶颈：现有暗物质探测器仍然最善于择捡出正常物质的粒子，而要检测暗物质粒子则困难许多。暗物质粒子全称微相互作用有质量粒子（WIMP），对于构成原子的质子和中子来说是重粒子，具有强引力效应，它们对正常物质几乎毫无影响，可以轻松穿过像地球这样直径大的物体，上亿个暗物质粒子穿越地心时只有一个暗物质粒子与地球上的物质发生反应。这导致自 65 年前暗物质的概念产生起，就无法直接得到，只能依靠其干扰星体发出的光波或引力被感受到。

据国外媒体报道，暗物质在宇宙中占据了相当大的部分，但我们很难观测到它，因为除了引力之外，它几乎不与我们通常所说的物质发生联系。从 20 世纪 70 年代开始，科学家通过观测其他星系中气体和恒星的自转速度，发现了一些暗物质存在的证据。现在，利用相同的技术，科学家第一次获得了银河系最深处存在暗物质的证据。

通过对气体和恒星自转速度进行测量，天文学家得以了解星系的总质量。这些测量结果显示，可见物质只占了总质量中很小的一部分，而星系质量的绝大部分由暗物质组成。将这一技术应用在银河系上也是可行的，而且科学家已经知道，在银河系外缘部分存在着暗物质。

图 1 中是银河系星系盘图片中所用的"自转曲线标记"。中央球形对称的光晕显示的正是科学家推测的暗物质。图 2 是目前关于宇宙暗物质密度最为精细的计算机模拟图。

然而，之前的研究表明，要把这一技术应用于银河系最深处的区域非常困难。银河系深处的核心区域直径约为 10 万光年。现在，德国慕尼黑工业大学的科学家已经发现了直接的观测证据，表明银河系最深处——包括地球和周围天体存在的区域——暗物质的存在。

在研究的第一步，他们收集了已发表的银河系气体和恒星运动的观测结果，做了一份最为完整的资料汇编。然后，他们计算了银河系只存在可见物质时气体和恒星的自转速度，并与观测结果进行了比较。比较结果清楚地显示，只有在存在大量暗物质的条件下，这些气体和恒星的自转才能得到合理解释。

图1　自转曲线标记

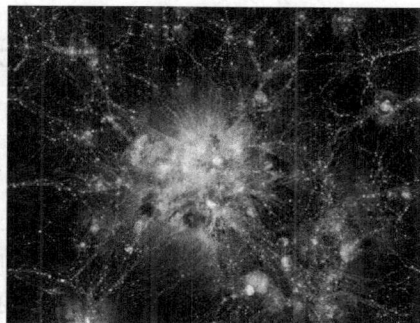

图2　宇宙暗物质的计算机模拟图

　　慕尼黑工业大学的米格尔·帕托（Miguel Pato）博士说："我们了解到，银河系中这些恒星和气体如果要以我们所观测到的速度旋转，那暗物质就是必需的。不过，我们仍然不知道暗物质的组成是什么，这是我们这个时代最为重要的科学问题之一。"

　　科学家称，随着未来天文观测的积累，我们将能以前所未有的精度测量出银河系中暗物质的分布情况。"这一方法将进一步推进对银河系结构和演化的了解，"帕托博士说，"在世界各地对暗物质粒子的众多实验中，它也将激发更多更为完善的预测。"

　　暗物质促成了我们今天的宇宙结构的形成。如果没有暗物质，就不会形成星系、恒星和行星，也就更谈不上今天的人类了。爱因斯坦说："宇宙中最难以理解的事情，就是宇宙是可以被理解的。"相信在21世纪，人类一定能揭开暗物质的奥秘。

阅读材料 7　天体物理学的研究前沿

1. 脉冲星和反常脉冲星

脉冲星是在超新星爆发中诞生的快速旋转的磁化中子星，其磁矩与自转轴方向不一致。据信，由于上百万年的磁偶极辐射，它们的自转会变慢，脉冲星最早是在射电波段发现的，但许多脉冲星也发射光学、X 射线或 γ 射线波段的辐射，它们的辐射是在何处及以何种机制发生仍然不清楚。有些脉冲星是反常的，特别是这些反常脉冲星包括小部分的 X 射线脉冲星和 γ 射线爆发源，它们相对非常年轻，但是不像年轻的射电脉冲星，它们已经转得很慢，其辐射能量不可能来自其转动能，可能为它们提供能量的其他能量来源有存储在超强磁场中的能量、由回落的超新星物质形成的吸积盘残留物或向奇异夸克物质的相变。人们期望 X 射线观测站 Chandra 和 XMM Newton 目前正在进行的观测，以及用它们和许多还在建造的其他 X 射线望远镜和 γ 射线望远镜在将来的观测，将会为这些谜一样的天体提供更多的信息。

2. 微类星体

孤立的黑洞是不能够直接看到的，因为没有东西能够从它逃逸出来，但是，如果一次超新星爆发在一个密近双星系统中产生一个黑洞，那么有辐射可以从围绕着看不见的黑洞旋转的伴星发出，也可以从围绕着黑洞的吸积盘发出，还可以从极端相对论性的双极射流发出，这种射流似乎当聚集在吸积盘里的物质每次突然落进黑洞时就会射出。这些从含有吸积物质的黑洞的密近双星系统射出的极端相对论性双极射流，是 Mirabel 和 Rodriguez 于 1994 年在我们的银河系中首次发现的，它们被称为微类星体，因为它们似乎是类星体和活动星系核中吸积物质的超大质量黑洞在恒星质量级的类似物。由于它们与我们比较邻近，迄今在我们银河系中已经发现的十来个微类星体，为我们提供了一个"实验室"，以研究遥远得多的大质量黑洞和黑洞附近的时空环境，这些微类星体已经成了大量观测和理论研究的对象（图 1）

3. γ 射线暴

γ 射线暴（GRBs）是短促而极强的软 γ 射线闪"光"，发生的频率为全天区每天一至两次，它们于 1962 年被 Vela 军事卫星发现，发射这个卫星是为了监视苏联是否遵循禁止核试验协议。长期以来，γ 射线暴的本质和起源都是一个谜，1991 年发射的 Compton γ

图 1　从新恒星 HH30 射出的双极射流的图像，由安装在哈勃空间望远镜上的宽视场行星照相机（Wide Field and Planetary Camera）于 2000 年拍摄得到。

图的底部显示出一个边缘对着我们的盘，它遮挡了来自一片扁平的尘埃云的光，尘埃云被环绕中央恒星的盘分为上下两部分。我们看到的不是它本身，但是盘面上下的尘埃对星光的反射光是清晰可见的。盘的直径是 450 倍日地距离（NASA Watson、Stapelfeldt、Krist 和 Burrows 提供）

射线观测站确定了它的一个各向同性的空间分布和强度分布，这些只与γ射线暴有一宇宙起源相恰，直到 1997 年才得到 γ 射线暴的宇宙起源的直接证据，Beppo-SAX 卫星发现了 γ 射线暴有一 X 射线余晖，它在 γ 射线暴后可持续几天到几个星期，并且卫星提供了足够快和准确的定位，从而能够对它们进行光学和射电频段的探测。光学余晖中的吸收线及其寄主星系的发射线被用来确定 γ 射线暴的距离，表明它们的宇宙起源，迄今为止的观测已经确定，比较长的 γ 射线暴来源于遥远星系中的恒星形成区域，它们是成束的辐射，它们之中有一些（也可能是全部）与超新星爆炸有联系；短的和长的 γ 射线暴的前身和它们的产生机制尚不清楚。但不论怎样，来自 γ 射线暴的各个波段的强烈辐射、它们遥远的距离及其与恒星形成的相关性，使得它们成为利用先进的望远镜研究恒星形成的历史、星际介质和星系际介质非常有希望的定向标。

4. 吸积盘和喷射流

物质吸积是由于一个天体的引力作用将物质从其周围环境向这个天体累积的过程。产生吸积的天体在宇宙中非常之多，大小和外观极为不同，它们包括活动星系核中 $10^6 \sim 10^9$ 个太阳质量的黑洞、白矮星、中子星和 X 射线双星中的恒星质量级的黑洞、原恒星和原行星。由于角动量守恒，被吸积的物质通常形成一个围绕中心天体的圆盘，物质从这个圆盘里被吸积到中心天体，吸积盘似乎出现在大部分这类吸积天体的周围，为其辐射提供能量，这种吸积盘引起了各种各样复杂的类稳和暂态现象。物质被吸积到旋转的黑洞（Kerr 黑洞）中是已知的最有效的释放能量的天体物理机制，据信它是活动星系核、类星体和微类星体、也许还是 γ 射线暴的能量来源，在产生吸积的致密天体附近经常观测到高度准直的具有高速度的流——射流，来自吸积盘的辐射和来自射流的辐射的相关性提供了证据，表明射流是直接从吸积盘射出的。人们猜测，吸积盘中的磁旋转不稳定性在物质吸积和双极射流的发射中起了主要作用，但是物质吸积和吸积盘喷射双极射流的精确机制仍然不清楚。

5. 宇宙加速器

射电、X 射线和 γ 射线观测表明，高能宇宙射线存在于并且必须被不断地注入星系内的星际空间、星系团和星系群内的星际空间以及类星体、活动星系核中的射电瓣中，这些观测同时对星系际空间内宇宙射线的密度提供了很强的限制，并提供了证据表明，至少甚高能的宇宙射线电子是在以下场所被加速的：超新星遗骸、γ 射线暴、致密星体如脉冲星和微类星体射出的相对论性射流中、类星体、活动星系核和射电星系中的大质量黑洞射出的强力射流中，以及当这些射流停止和膨胀时生成的物质瓣中。宇宙射线在这些天体中加速的完整理论现在仍然还没有，尽管在整个 20 世纪做了大量研究，但是对于在地球附近观测到的太阳系外宇宙线的起源仍不清楚，对于它们的能谱和化学组成也不完全了解。当能量超过微波背景辐射上的光致 π 介子产生的阈值时，宇宙线在空间的平均自由程就远远小于到它们潜在的产生源类星体和活动星系核的距离，因此，在宇宙微波背景辐射发现后，Greisen 和 Zatsepin 与 Kruzmin 分别指出，如果甚高能宇宙射线起源于银河系之外，那么在能量超过星系际空间吸收的能量阈值后，其通量应受到强烈的抑制，即所谓"GZK"截断。地面的广延大气簇射阵列通过宇宙线的大气簇射来探测它们并测量它们的能量，其初步结果对宇宙射线是河内起源还是河外起源并不能提供明确的证据，这是由于统计性很差，以及在极高能量上能量难以校准所造成，随着新的巨型地面大气簇射阵列如 Auger 计划，或空间望远镜如 FUSE（它试图探测来自广泛的大气簇射的荧光和它们撞击地面产生的切连科夫辐射）的启用，这些困难可望得到克服。

阅读材料 8　太阳能（光伏）电池

说到底，我们地球上的一切能源供应都来自为太阳提供能源的氢同位素核聚变。即使是维持地球内部比较热而非原本应当更冷的放射性也是早期太阳过程的暗淡的残留物。煤和石油代表了化石化了的太阳能，所以它们是双重化石化的聚变能。在世界的一些地区被用作汽车燃料的补充而由农作物制取的工业酒精，代表的也是储存起来的太阳能。毫不奇怪，物理学家们一直在寻找将太阳辐射直接储存起来的实用方法，即探索不是由化石而是直接由太阳获得能量。

1954 年，新泽西州贝尔实验室的三位科学家制成了第一个基于掺杂硅 PN 结的太阳能电池，目的是为卫星和其他太空飞行器提供电力。这种电池不同于晶体管，它只有两个电极，PN 结两边各一个，而晶体管得有三个电极。图 1 给出太阳能电池的示意图。它背后的接触电极仅为一金属片，而正面的电极是精细的气相沉积的金属栅格，只占有 10% 的面积，目的是不要吸收太多入射太阳光。半导体的关键特性是它的带隙，即电子动能被排除的范围，起因于半导体晶体结构引起的干涉。简单地说，就是运动电子的行为就像波一样（因波粒二象性原理），在一定能量（波长）上，这些波在晶体的一些原子面上被全反射，然后再被反射回来，这样反复进行，结果，电子（波）就不能以这些速度移动了。对晶体硅，带隙为 1.14 eV。地球表面太阳光的波长范围近似由图 2 所示（严格的图依赖于大气压力、湿度和云量）。这样的图可以用波长、频率或者量子能量（与频率成正比）作横坐标来画，图 2 中用的是光子（光的"粒子"）的能量。

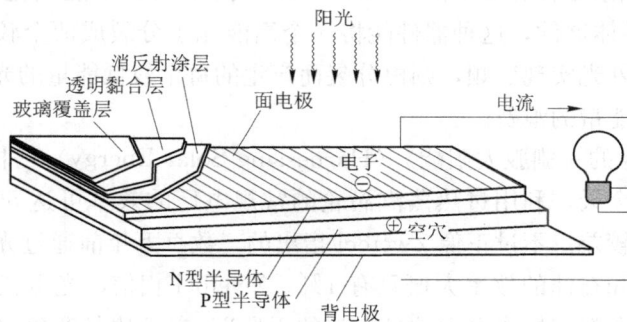

图 1　半导体太阳能电池的结构，活性（半导体）层的总厚度为零点几毫米

图 2 中的垂直线标志硅带隙上沿的能量。任何量子能量小于此能量的光（即波长大于临界波长的光）都不能在太阳能电池中产生电流。实际上只有可见光谱的蓝端和其外的紫外光是有用的。还有，量子能量超过 1.14 eV 的光子在硅中被吸收来产生电流，不过高于 1.14 eV 的多余能量则转化为无用的热。所以，把不产生光电流的可见光和有用光子的多余能量都计入之后，硅太阳能电池的最大的理论效率约为 44%。一个被吸收的光子产生一个电子空穴对（这里空穴是对一个缺失的具有特定动能值的电子的称呼，它的行为就像一种明确定义的载流介质）。如果我们计及电池所具有的有限电阻、PN 结上电子空穴对的不完全分离，以及其他一些电学的因素，则硅太阳能电池的理论效率约为 15%。这个值是 1979 年英国电视大学的

教学单元模块计算的。几年以后（1990 年），对硅和对别的一些竞争的半导体都估算出更高的理论值，如图 3 所示。这必定是归功于电损耗机制的减小，因而更逼近 44% 的基本极限。经过几十年的技术改进，现在硅太阳能电池的实际效率已经达到 25%。典型的电池的面积约为 100 cm²，可在 0.5 V 下产生约 3 A 的电流，这些电池被串联起来产生实用的电压。

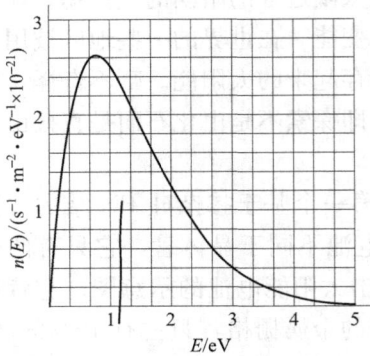

图 2　用每秒每平方米落入单位光子能带的
光子数 n（E）表示的在标准大气下
地球表面的太阳光谱，横坐标为光子能量 E
图中用竖直粗实线标出晶态硅的带隙

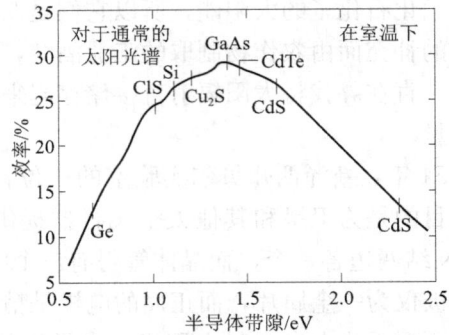

图 3　带隙能量为 0.5～2.4 eV 的光辐射吸收
材料的理论效率
峰值效率对应于带隙 1.4 eV，很多可用材料的效率
大于 20%，数据得自《无限的战略》
（根据 Ken Zweibel. Harnessing SolarPower：The
Photovoltaic Challenge. Plenum Press，New York，1990）

2002 年，悉尼新南威尔士大学的 Martin Green 提出在太阳能电池中另外装一个叫作"降频变换器"的半导体器件，这种器件能将一个高能光子分裂成两个较低能量光子。如果能对太阳光谱中的紫外光实现变频，则由分裂而产生的每个较低能量的光子就可以为太阳能电池所用，从而减少能量的浪费。

Ken Zweibel 在他的《驯服太阳能》（Harnessing Solar Energy）一书中探讨了应当怎样看待这个效率水平。今天，利用过热蒸汽涡轮的常规电厂的效率可达 55%，乍看起来，太阳能电池的效率是比较差。不过正像 Zweibel 指出的，数百万年前通过光合作用并经过化石化将太阳光转化为煤和石油的效率大概只有 1%。Zweibel 相信，光电伏特效应给我们提供了"将阳光这种初级燃料转换成电力的最有效的手段"，它远比其竞争对手如生物体生长并转化为酒精有效得多。

图 3 中给出的某些半导体也用于制作太阳能电池。实践中，最佳的候选者砷化镓制备起来过于昂贵，但是"α-Si-H"（氢化非晶硅）近年来得到了很多人的支持。这种材料的薄膜太阳能电池是用气相沉积法制成，并用化学方法结合进 10% 的氢。中间有一段时间，有些人曾争论说，非晶态材料不具备明确的能隙，因此对掺杂不会有恰当的反应。在此之后，苏格兰 Dundee 大学的 Spea 和 Comber 在 1975 年指出，氢化 α-Si 可用通常的掺杂物（B 和 P）成功地掺杂，使其电导率发生巨大改变，次年便制成了第一个 α-Si 太阳能电池。不久，氢所起的能动作用的精确机制也被揭示出来。α-Si 太阳能电池的效率虽稍逊于单晶硅，不过制作起来却便宜得多，再加上其他一些用廉价的多晶硅制作的太阳能电池，这一类太阳能电池占有的市场份额正在不断增长。

　　还有一些其他类型的薄膜太阳能电池是未来开发的对象，如当前的新宠 Cu（Ga，In）Se$_2$；最新的研究对象是有机半导体材料，这东西很便宜，不过效率很低。从长远说，成本/效率的权衡将为这些替代物中的许多确立截然不同的生态学位置。不过就当前来说，高效的单晶硅电池仍占有最大的份额。在过去 20 年里，每瓦输出功率的资金成本已从约 12 美元下降到约 5 美元，而且几乎可以肯定将来因经营规模扩大会进一步降低成本。因此，太阳能电池在经济中的扩展速度正在加快，尤其是在国内市场上。图 4 示出了单位功率的价格随销售激增而下降的趋势。

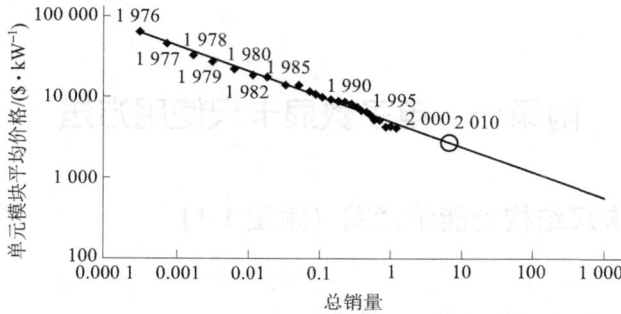

图 4　光电伏特单元模块的平均价格除以它的峰值功率与当时售出的所有模块发出的总功率的关系
图中趋势线表明，销售每翻一番模块的成本就降低 20%
（引自 Solar power to the people. Phys. World，July 2002，p. 35，by Terry Peterson and Brian Fies）

　　京瓷（Kyocera）、夏普、英国石油（BP）和壳牌等大公司都已设立了很大的太阳能子公司。其中一些公司也把精力集中在氢的生产上，瞄准行将来到的汽车燃料电池的大规模使用。根据某些人的预测，未来将用大型的太阳能电池站来电解水，从而未来的汽车将几乎直接靠太阳光来驱动。这些公司的一位高级经理声称，到 2060 年，世界所用能源的 30%～40% 将来自可再生能源（显然太阳能将占主导地位）。这一非凡的主张并非完全不能实现。

附　录

附录一　电子数显卡尺使用方法

一、电子数显卡尺结构功能示意图（附图1-1）

附图1-1　电子数显卡尺

二、各按键功能及说明

（1）on/off：电源开关。

（2）ZERO：清零。

（3）mm/inch：公英制转换，每按一次在两者之间转换。

三、使用方法及注意事项

（1）使用前，松开坚固螺丝后方可移动尺框。

（2）使用前清洁卡尺各测量面及表面。

（3）使用前，检查各按键是否灵活、有效，在任意位置数显是否稳定、清楚。

（4）使用时，卡尺尺身及量面应保持清洁，避免接触水等液态物质（防水型卡尺应将水擦拭干净方可正常使用）。

（5）使用时，当显示数字出现闪烁或不显示时，应更换新电池。

（6）在卡尺的任何部位不能施加电压，也不要用电笔刻字，以免损坏电子元件。

（7）显示器不能计数（数字锁死），是由电路偶然因素所产生，属正常现象，此时应取下电池，等2～3分钟后重新装入。

附录二　QJ23 型直流电阻电桥使用说明

一、概述

QJ23 型电阻电桥采用惠斯通电桥线路，具有内附指零仪，可以内装电池。测量 1 Ω～9.999 MΩ 范围内的电阻时极为方便。

本仪器符合 Q/YXNBS—2002 企业标准要求。其外形如附图 2-1 所示。

附图 2-1　QJ23 型电阻电桥

二、主要规格

1. 总有效量程：0～9.999 MΩ

准确度等级：0.2

测量盘：9×1 Ω＋9×10 Ω＋9×100 Ω＋9×1 000 Ω

残余电阻：≤0.02 Ω

量程倍率：×0.001，×0.01，×0.1，×1，×10，×100，×1 000。电桥基本误差的允许极限见附表 2-1。

附表 2-1　电桥相关参数

量程倍率	有效量程	分辨率	电桥基本误差的允许极限	电源/V
×0.001	0～9.999 Ω	0.001 Ω	$E_{lim}=\pm~(2\%~x+0.002)$	
×0.01	0～99.99 Ω	0.01 Ω	$E_{lim}=\pm~(0.2\%~x+0.002)$	4.5
×0.1	0～999.9 Ω	0.1 Ω	$E_{lim}=\pm~(0.2\%~x+0.02)$	
×1	0～9.999 kΩ	1 Ω	$E_{lim}=\pm~(0.2\%~x+0.2)$	
×10	0～99.99 kΩ	10 Ω	$E_{lim}=\pm~(0.5\%~x+5)$	6
×100	0～999.99 kΩ	100 Ω	$E_{lim}=\pm~(0.5\%~x+50)$	15
×1 000	0～4.999 MΩ	1 kΩ	$E_{lim}=\pm~(2\%~x+2~k)$	21
	5～9.999 MΩ			36

*x 为电桥平衡后的测量盘置数（亦称标度数）乘以量程倍率所得的数值。

2. 内附指零仪

灵敏度：见附表 2-2。

阻尼时间：4 s 以内。

附表 2-2　内附指零仪灵敏度

倍率	R 量程	分辨率	$a*$	电源/V
×0.001	0～9.999 Ω	0.001 Ω	2	
×0.01	10～99.99 Ω	0.01 Ω		4.5
×0.1	100～999.9 Ω	0.1 Ω	0.2	
×1	1～9.999 kΩ	1 Ω		
×10	10～99.99 kΩ	10 Ω	1	6
×100	100～499.9 kΩ	100 Ω	2	15
	500～999.9 kΩ		5	
×1 000	1～4.999 MΩ	1 kΩ	10	21
	5～9.999 MΩ			36

*各量程电阻测量使用内附指零仪的灵敏度不低于 1 格/(a%×R)。

a：准确度等级。

R：倍率乘以标度盘示值所得的数值。

3. 电桥使用条件（附表 2-3）

附表 2-3　电桥使用条件

有效量程/MΩ	温度参考数/℃	温度标称使用范围/℃	相对湿度标称使用范围
<1	20±1.5	5～3.5	25%～80%
≥1	20±10	10～30	25%～75%

4. 内附电源

可以内装 4.5 V 2 号干电池三节。

5. 外形尺寸

225 mm×175 mm×120 mm。

6. 质量

小于 2 kg。

三、结构和线路

QJ23 型直流电阻电桥主要是由测量盘、量程变换器、内附指零仪及电源等组合而成。全部部件安装在箱内，携带方便。

测量盘是由四组以上 1、2、2、2、2 制阻值的电阻器组合而成的步进开关，全部阻值为 99 999Ω，量程变换器采用差值式，其总阻值为 1 000 Ω，因此量程变换器开关上电刷接触电阻归纳到电源回路，对电桥精度没有影响。

内部电阻全部采用低温系数，锰铜线等无感线绕于瓷管上，并经过人工老化和浸漆处理，故阻值稳定、准确。

需要外接高灵敏度指零仪时，将"内"接线端钮用短路片短路，在"外"接线柱上端钮上外接指零仪。

按钮"B"和按钮"G"为测量时用，用以分别接通电源和指零仪，顺时针方向旋转时可以锁住。

四、使用方法

首先检查一下外接指零仪接线端钮是否正确短路。调节内附指零仪使指针和零线重合，测试电阻器接到"R_x"两接线端钮上，适当选择 $\dfrac{A}{B} \cdot B$ 的电阻值，使按钮"B"和"G"闭合时，指零仪没有电流通过，则可得下式：

$$R_x = \frac{A}{B} \cdot R$$

A/B 可直接从量程变换器上读出，测量盘的四个步进开关的示值，就是 R 的值。电桥的原理图如附图 2-2 所示。

在测量之前，首先要知道 R_x 的约数，在一般正常情况下，量程变换器放在 ×1 上，测量盘放在 1 000 Ω 上，按下按钮"B"，然后轻按指零仪按钮"G"，这时观察指零仪指针向"＋"或"－"方向偏转，如果指针向"＋"的一边偏转，说明测试电阻 R_x 大于 1000 Ω，可把量程变换器放在 ×10 上，再次按动"B"和"G"按钮，如果仍在"＋"一边，可把量程变换器放在 ×100 上。如果开始时指针向"－"晃动，则可知测试电阻 R_x 小于 1000 Ω，可把量程变换器放

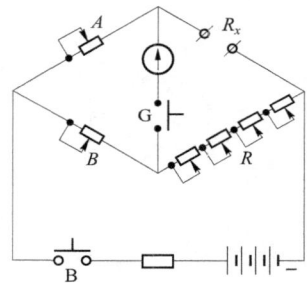

附图 2-2　QJ23 直流电阻电桥的原理图

在 ×0.1 或 ×0.01 上，指针就会移到"＋"的一方。为此得到 R_x 的大约数值，然后根据附表 2-2 选定一个量程变换器的倍率，再次调节测量盘的四个开关，使电桥处于平衡状态。

R_x 值可用下式求得：

$$R_x = 量程倍率 × 标度盘示值$$

因而在测量中可以得出测试电阻器 $R_x > \dfrac{A}{B} \cdot R$ 时，指零仪的指针在"＋"的一边晃动。

当 $R_x < \dfrac{A}{B} \cdot R$ 时，指零仪指针在"－"一边晃动。

R_x 值超过 10 kΩ，或在测量中转动测量盘最小一挡读数盘很难分辨指零仪读数时，需外接高灵敏度的指零仪，短接内附指零仪，以保证测量的可靠性。为了保证测量的准确度，因此，在使用电桥中，×1 000 Ω 读数盘不可放在"0"上。

五、使用与维护

（1）使用完毕后将"B"和"G"按钮松开。

（2）在测量含有电感的测试电阻器（如电机、变压器等）时必须先按"B"按钮，然后再按"G"按钮，如果先按"G"按钮，当再按"B"按钮时的一瞬间会因自感而引起逆电

势对指零仪产生冲击而损坏指零仪。断开时，先放开"G"，再放开"B"。

（3）为提高电桥线路灵敏度而采用外接电源时，外接电源的电压值要按说明书的规定，注意避免因电流过大而烧毁电桥元件。在外接电源时，开始先用较低电压，在电桥大致达到平衡后，逐渐将电压升高，特别要注意测量盘×1 000 读数盘，不可放在"0"上。

（4）更换内附电池时，打开电桥背面铭牌，三节干电池串联放入，当电桥长期搁置不用时，应将电池取出。

（5）在携带或不使用时应将指零仪连片放在"内接"位置，使内附指零仪短路。

（6）电源电压要求超过 4.5 V 时，内接电池不要取出，只需打开仪器左上角 B 端钮短路片，并在此两端钮上按极性加接直流稳压电源或若干个电池即可。内接电源加外接电源的电压值不超过表 1 规定。

（7）电桥应存放在周围空气温度为 5 ℃～35 ℃、相对湿度低于 80％、空气内不含有腐蚀气体的室内。

附录三　JKQJ23 型数显直流单臂电桥使用说明

一、使用说明（参见附图 3-1）

（1）在仪器的后部，接通 220 V 市电，开启电源开关，并将"G"的"外"端钮与中间的端钮可靠短接。

（2）将被测电阻按至"R_x"接线柱，估计被测电阻的约数，根据附表 3-1 选择好量程倍率及电源电压，并将"倍率"开关打在合适的挡位，再打开检流计电源开关，调节"调零"旋钮，使检流计表头指针指零。

（3）按下"B"按钮，然后轻按"G"按钮，调节测量盘，使电桥平衡（检流计指零）。如果电桥无法平衡，指零仪显示数字向"＋"方向变化，说明 R_x 值大于该量程的上限值，应将量程倍率打大一挡，再次调节四个测量盘，使电桥平衡。反之，当第 1 测量盘打至

附图 3-1　单臂电桥仪表

"0"位指零仪显示数字偏向"－"方向，应将量程倍率减小一挡，再调节测量盘使电桥平衡。

R_x 值可由下式求得：

$$R_x＝量程倍率×测量盘示值之和$$

当 R_x 值超过 10 kΩ 时，或在测量中内附指零仪灵敏度不够时，需外接高灵敏度的检流计，以保证测量的可靠性（此时应将"G"三接线柱中间的接线柱与"内"接线柱用短路板短接，外接检流计接在中间与"外"接线柱上）。

附表 3-1　相关参数表

量程倍率	有效量程/Ω	分辨率/Ω	电桥基本误差的允许极限/Ω	电源/V
×0.001	0～9.999	0.001	±（2%X＋0.002）	
×0.01	0～99.99	0.01	±（0.2%X＋0.002）	3
×0.1	0～999.9	0.1	±（0.2%X＋0.02）	
×1	0～9.999 K	1	±（0.2%X＋0.2）	6
×10	0～99.99 K	10	±（0.5%X＋5）	
×100	0～999.9 K	100	±（0.5%X＋50）	15
×1 000	0～9.999 M	1 000	±（2%X＋2 k）	
表中 X＝电桥平衡后测量盘读数×量程倍率。				

二、使用和维护

（1）在电桥使用中，必须用上第 1 测量盘（×1 000），即第 1 测量盘不能置于"0"以

保证测量的准确度。

（2）在测量含有电感的被测电阻器（如电机、变压器等）时，必须先按"B"按钮，然后再按"G"按钮，如果先按"G"按钮，当再按"B"按钮时的一瞬间会因引起逆电势对检流计产生冲击而损坏检流计。断开时，先放开"G"，再放开"B"。

（3）当使用外接电源时，应同时使用外接检流计，并且拔去电源插头，切断电源。

（4）电桥使用完毕后将"B"和"G"按钮松开，应拔去电源插头，切断电源。

（5）电桥应存放在周围空气温度为 5 ℃～35 ℃，相对湿度低于 80%，空气内不含有腐蚀气体的室内。

附录四　CA9000D 双踪示波器使用说明

一、简介

1. 概述

CA9000D 双踪示波器最高灵敏度为 1 m×/DIV，最大扫描速率为 0.1 μs/DIV，并可扩展 10 倍使扫描速率达到 10 ns/DIV。

2. 特性

（1）示波管采用国产示波管。

（2）触发电平锁定功能。

将触发电平选择在电平锁定时，当输入信号幅度、频率变化时无须再调整触发电平即可获得稳定波形。

（3）交替触发功能可以观察两个频率不同的信号波形。

（4）电视信号同步功能。

（5）Z 轴输入。

亮度调制功能可以给示波器加入频率或时间标识，正信号轨迹消隐，TTL 匹配。

（6）X-Y 操作。

当设定在 X-Y 位置时，该仪器可作为 X-Y 示波器，CH1 为水平轴，CH2 为垂直轴。

二、主要技术指标

参见附表 4-1。

附表 4-1　主要技术指标

项目 指标		20 MHz 示波器 CA9020D（F）	40 MHz 示波器 CA9040D（F）	60 MHz 示波器 CA9060D（F）
垂直系统	灵敏度	1 mV～5 V/DIV，按 1-2-5 顺序分 12 挡		
	精度	≤±3%		
	微调比	≥2.5：1		
	频宽	DC～20 MHz	DC～40 MHz	DC～60 MHz
		交流耦合：小于 10 Hz（对于 100 kHz8DIV 频响—3 dB）		
	上升时间	约 17.5 ns	约 8.75 ns	约 5.83 ns
	输入阻抗	约 1 MΩ // 25 pF		
	方波特性	上冲：≤5%（在 5 mV/DIV 范围内）		
	DC 平衡移动	5 mV～5 V/DIV：±0.5 DIV，1 mV～2 mV/DIV：±2.0 DIV		
	线性	当波形在格子中心垂直移动时，幅度（2 DIV）变化<±0.1 DIV		
	垂直模式	CH1：通道 1　　　　CH2：通道 2 DUAL：通道 1 与通道 2 同时显示，任何扫描速度可选择交替或断续方式 ADD：通道 1 与通道 2 做代数相加		

指标 / 项目		20 MHz 示波器 CA9020D（F）	40 MHz 示波器 CA9040D（F）	60 MHz 示波器 CA9060D（F）
垂直系统	断续重复频率	约 250 kHz		
	输入耦合	AC GND DC		
	最大输入电压	300 V（DC＋AC 峰值，AC 频率≤1 kHz） 当探头设置在 1：1 时最大有效读出值为 40Vp-p（14 Vrms 正弦波） 当探头设置在 10：1 时最大有效读出值为 400Vp-p（140 Vrms 正弦波）		
	共模抑制比	在 50 kHz 正弦波＞50：1（设定 CH1 和 CH2 的灵敏度在相同的情况下）		
	两通道之间的绝缘（在 5 mV/DIV 范围）	＞1 000：1 kHz 50 kHz		
		＞30：1 20 MHz	＞30：1 40 MHz	＞30：1 60 MHz
	CH2 INV BAL	平衡点变化率≤1 DIC（对应于刻度中心）		
触发	触发信号源	CH1，CH2，LINE. EXT（在 DUAL 或 ADD 模式时，CH1 CH2 仅可选用一个；在 ALT 模式时，如果 TRIC. ALT 的开关按下，可以用作两个不同信号的交替触发		
	极性	＋/－		
	灵敏度	DC-2 MHz：0.5 DIV；TRIC-ALT：2 DIV；EXT：200 mV		
		2 MHz～20 MHz：1.5 DIV；20 MHz～40 MHz：2 DIV		
		TRI（；-ALT：3DIV；EXT：800 mV）		
		TV：同步脉冲＞1.5DIV（EXT：1V）		
	外触发模式信号输入阻抗最大输入电压	约 1MCl∥25 pF 300 V（DC＋AC 峰值），AC 频率不大于 1 kHz		
水平系统	扫描时间	0.1 μs～0.5 s/DIV，按 1-2-5 顺序分21挡	0.1 μs～0.1 s/DIV，按 1-2-5 顺序分19挡	
	精度	≤±3%		
	微调比	≥2.5：1		
	扫描扩展	10 倍		
	×10 MAG 扫描精度	≤±5%（10 ns～50 ns 未校正）		
	线性	3%；×10 MAG：5%（10 ns～50 ns 未校正）		
	由×10 MAG 引起位	在 CRT 中心小于 2DIV		
X-Y 模式	灵敏度	同垂直轴		
	频宽	DC～500 kHz		
	X-Y 相位差	小于或等于 3°（DC～50 kHz 之间）		
内置测频计（仅 CA9000DF 具有）	测频范围	1 Hz～1 MHz	1 MHz～10 MHz	10 MHz～20 MHz/ 40 MHz/60 MHz
	测频精度	±0.1%（±1 个字）	±0.1%	±0.1%
	小数点位置	XXX. XXXkHz	XXXX. XXkHz	XXXXX. XkHz
	测频灵敏度	2DIV（5 MV～5 V/DIV）		
	显示方法	六位 LED 数码显示		

续表

项目 指标		20 MHz 示波器 CA9020D（F）	40 MHz 示波器 CA9040D（F）	60 MHz 示波器 CA9060D（F）
Z轴	灵敏度	5Vp-p		
	频宽	DC～2 MHz		
	输入阻抗	约 10 kΩ		
	最大输入电压	30 V（DC＋ AC 峰值，AC 频率小于或等于 1 kHz）		
校正信号	波形	方波		
	频率	约 1 kHz		
	占空比	小于 48∶52		
	输出电压	2Vp-p±2％		
	输出阻抗	约 1 kΩ		
CRT 示波管	型号	15SJ1118Y14（20 MHz）	A2 119（40 MHz）	A2 119（60 MHz）
	显示颜色、余辉	绿色、中余辉		
	有效屏幕面积	8×10DIV［1DIV＝10 mm（0.39 in）］		
	刻度	内部		
	轨迹旋转	面板可调		

三、操作前注意事项

1. 检查电源电压

该示波器工作在 AC110 V/220 V 的电网中，在接通电源前请先检查电压选择开关是否设定在与当地电网一致的位置。当保险丝烧坏时，请参照附表 4-2 更换保险丝。

附表 4-2　相关参数表

电源电压	范围/V	保险丝/A
AC220	198～242	1

2. 环境

正常情况下环境温度在 0 ℃～40 ℃之间，在超过此温度范围的情况下操作可能会损坏电路。

3. 安装与操作

请确保示波器上的散热孔没有被其他物品堵住。

4. CRT 荧光质涂层

为了避免永久性损坏 CRT 内的荧光质涂层，请不要将 CRT 的辉度调节设在极亮的状态或让光点停留在同一位置较长的时间。

电源要求：　　　　　　　工作环境：

电压：AC220 V±10％　　室内使用　　　　　　湿度：85％RH，干燥

频率：50 Hz/60 Hz　　　海拔 2 000 m　　　　机械尺寸：455×310×150（mm）

功耗：约 40 W　　　　　　环境温度：10 ℃ ～ 35 ℃　重量：约 8 kg

最大工作范围：0 ℃～40 ℃　存贮温度：－10 ℃～70 ℃

5. 输入端的最大电压

输入端和探头的最大电压可参见附表 4-3。当探头设定在 1∶1 位置时，最大有效读出电压是 $40V_{p\_p}$（14Vrms 在正弦波时）。当探头设定在 10∶1 位置，最大有效读出的电压是 $400V_{p\_p}$（14Vrms 在正弦波时）。

附表 4-3　相关参数表

输入端	最大输入电压
CH1、CH2	300V 峰值
外触发输入（EXT TRIG IN）	300V 峰值
探头	600V 峰值
Z轴	30V 峰值
小心：为了避免损坏仪器，最大输入电压的频率必须小于 1 kHz。	

四、操作方法

（1）前面板介绍（参见附图 4-1）。

CRT：

⑦电源：主电源开关，当此开关开启时发光二极管⑥发亮。

①亮度：调节轨迹或亮点的亮度。

③聚焦：调节轨迹或亮点的清晰度。

④轨迹旋转：调整水平轨迹与刻度线的平行。

▮滤色片：使波形显示效果更舒适。

垂直轴：

▮ CH1（X）输入：Y1 通道输入端，在 X-Y 模式下，作为 X 轴输入端。

▮ CH2（Y）输入：Y2 通道输入端，在 X-Y 模式下，作为 Y 轴输入端。

▮ ▮ AC-GND-DC：选择垂直轴输入信号的输入耦合方式。

AC：交流耦合。

GND：垂直放大器的输入接地，输入端断开。

DC：直流耦合。

▮ ▮ 垂直衰减开关：调节垂直偏转灵敏度从 1 mV/DIV～5 V/DIV 分 12 挡。

▮ ▮：垂直微调：微调比≥2.5∶1，在校正位置时，灵敏度校正为标示值。

⑧⑨ ▼▲垂直位移：调节光迹在屏幕上的垂直位置。

⑩ 垂直方式：选择 CH1 与 CH2 放大器的工作模式。

CH1 或 CH2：通道 1 和通道 2 放大器的工作模式。

DUAL：两个通道同时显示。

ADD：显示两个通道的代数和 CH1＋CH2。按下 CH2 INV 按钮，为代数差 CH1－CH2。

▮ ALT/CHOP：在双踪显示时，弹出此键，表示通道 1 与通道 2 交替显示（通常用在

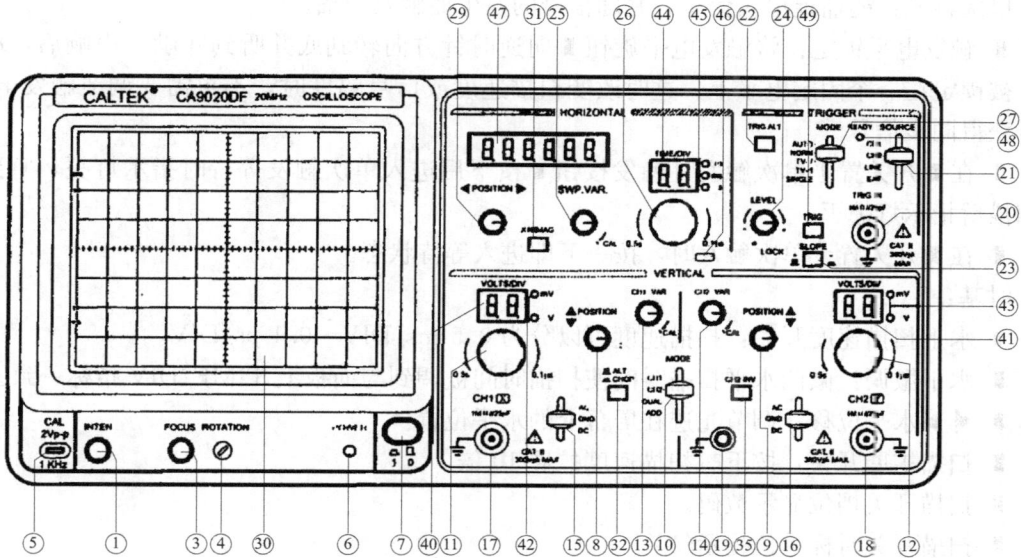

附图 4-1　前面板

扫描速度较快的情况）；当此按键按入时，通道 1 与通道 2 同时断续显示（通常用于扫描速度较慢的情况）。

■ CH2 INV：通道 2 的信号反相，当此键按下时，通道 2 的信号以及通道 2 的触发信号同时反相。

■■ 衰减开关挡位显示数码数。

■■ 衰减开关灵敏度单位指示灯。

触发：

■ 外触发输入端：用于外部触发信号。当使用该功能时，触发源选择开关应设置在 EXT 的位置。

■ 触发源选择：选择内（INT）或外（EXT）触发。

CH1：选择通道 1 作为内部触发信号源。

CH2：选择通道 2 作为内部触发信号源。

LINE：选择交流电源作为触发信号。

EXT：外部触发信号源接于 20 作为触发信号源。

■ 极性：触发信号的极性选择。"＋"上升沿触发，"－"下降沿触发。

■ 触发电平：显示一个同步稳定的波形，并设定一个波形的起始点。向"＋"（顺时针）旋转触发器电平增大，向"－"（逆时针触发电平减小）。

■ 触发方式：选择触发方式。

AUTO：自动当没有触发信号输入时扫描在自由模式下。

NORM：常态当没有触发信号时，踪迹在待触发状态（并不显示）。

YV-V：电视场适用于观察一场的电视信号时。

TV-H：电视行适用于观察一行的电视信号。

（仅当同步信号为负脉冲时，方可同步电视场和电视行）

单次触发：能捕捉单次信号，并随信号的发生而触发扫描。

▌触发电平锁定：将触发电平旋钮▌向逆时针方向转到底并听到咔哒一声响后，触发电平被锁定在一个固定电平上，这时改变扫描速度或信号幅度时，不再需要调节触发电平，即可获得同步信号。

▌在▌开关置于单次触发且触发按钮▌按下后进入单次触发等待时指示灯亮，直到触发扫描后指示灯熄灭。

▌在▌开关置于单次触发时，按一下即进入等待状态。

时基：

▌水平扫描速度开关：扫描速度可以分为 0.5 ms/DIV～0.1 ps/DIV。

▌水平微调：微调水平扫描时间使扫描时间被调到与面板上 TIME/DIV 指标一致。

▌◀▶水平位移：调节光迹在屏幕上的水平位置。

▌扫描扩展开关：按下时扫描速度扩展 10 倍。

▌扫描开关挡位显示数码。

▌扫描开关时标单位指示灯。

▌X-Y：工作方式指示灯。

其他：

⑤ CAL：提供幅度为 2Vp-p 频率 11 kHz 的方波信号，用于校正 10：1 探头的补偿电容器和检测示波器垂直与水平的偏转系数。

▌GND：示波器机箱的接地端子。

▌频率显示窗口（仅 CA9000DF 系列示波器具有）。

（2）后面板介绍（参见附图 4-2）：

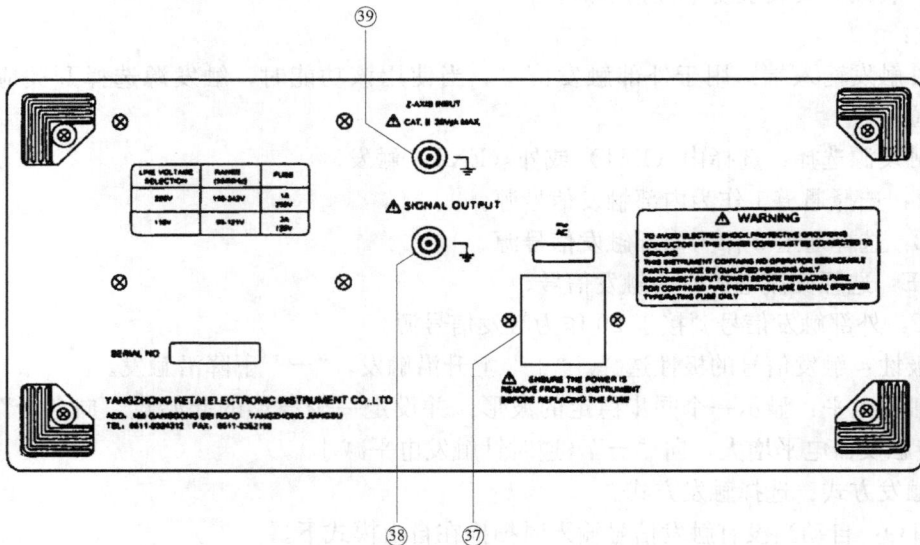

附图 4-2　后面板

▌Z 轴输入：外部亮度调制信号输入端。

▌电源插座及保险丝座：AC 220 V 电源插座。

（3）基本操作：单通道操作

接通电源前务必先检查电压是否与当地电网一致，然后将有关控制件按附表 4-4 设置。

附表 4-4　仪器的按键功能及设置

功　　能	序号	设　　置
电源（POWER）	⑦	关
亮度（INITEN）	①	居中
聚焦（FOCUS）	③	居中
垂直方式（VERT MODE）	⑩	通道 1
交替/断续（ALT/CHOP）	▮	释放（ALT）
通道 2 反相（CH2INV）	▮	释放
垂直位移（POSITION）	⑧⑨	居中
垂直衰减（▲▼YVOLTS/DIV）	▮▮	50 mV/DIV
微调（VARIABLE）	▮▮	CAL（校正位置）
AC-GND-DC	▮▮	GND
触发源（SOURCE）	▮	通道 1
极性（SLOPE）	▮	＋
触发交替选择（TRIG ALT）	▮	释放
触发方式（TRIGGER MODE）	▮	自动
扫描时间（TIME/DIV）	▮	0.5 ms/DIV
微调（SWP. VAR）	▮	校正位置
水平位移（◀▶POSITION）	▮	居中
扫描扩展（X1O MAG）	▮	释放

将开关和控制部分按以上设置完成后，接上电源线，继续：

（1）电源接通，电源指示灯亮约 20 s 后，屏幕出现光迹。如果 60 s 后还没有光迹，请再检查开关和控制旋钮的设置。

（2）分别调节亮度、聚焦，使光迹亮度适中清晰。

（3）调节通道 1 位移旋钮与轨迹旋转电位器，使光迹与水平刻度平行（用螺丝刀调节光迹旋转电位器④）。

（4）用 10∶1 探头将校正信号输入至 CH1 输入端。

（5）将 AC-GND-DC 开关设置在 AC 状态。一个如附图 4-3 的方波将出现在屏幕上。

（6）调整聚焦使图形到清晰状态。

（7）对于其他信号的观察，可通过调整垂直衰减开关，扫描时间开关，垂直和水平位移旋钮到所需的位置，从而得到幅度与时间都容易读出的波形。

以上为示波器最基本的操作，通道 2 的操作与通道 1 的操作相同。

4. 双通道操作

选择垂直方式到 DUAL 状态下，这时通道 2 的光迹也出现在屏幕上。通道 1 显示一个方波（来自校正信号输出的波形），而通道 2 仅显示一条直线（因为没有信号接到该通道）。

现在将校正信号接到 CH2 的输入端，将 AC-GND-DC 开关设置到 AC 状态，调整垂直位移⑧和⑩使两通道的波形如附图 4-4 所示，释放 ALT/CHOP 开关（置于 ALT 方式）。CH1和 CH2 的信号交替地显示到屏幕上，此设定用于观察扫描时间较短的两路信号。按下ALT/CHOP 开关（置于 CHOP 方式），CH1 与 CH2 的信号以 250 kHz 的速度独立地显示在屏幕上，此设定用于观察扫描时间较长的两路信号。在进行双通道操作时，如选择DUAL 或 ADD 方式，则必须通过触发信号源的开关来选择 CH1 或 CH2 的信号作为触发信号。如果 CH1 与 CH2 的信号同步，则两个波形都会稳定显示出来。不然，则仅有选择了相应触发源的通道可以稳定地显示出信号；如果 TRIG ALT 开关按下，则两个波形都会同时稳定地显示出来。

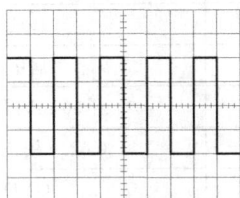

附图 4-3　方波图

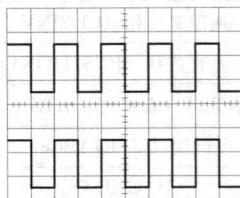

附图 4-4　双通道方波图

五、测量

1. 测量前的检查和调整

为了得到较高的测量精度，减少测量误差，在测量前应对如下项目进行检查和调整。

1.1　光迹旋转

在正常情况下，屏幕上显示的水平光迹应与水平刻度线平行，但由于地球磁场与其他因素的影响，会使水平迹线产生倾斜，给测量造成误差，因此在使用前可按下列步骤检查或调整：

（1）预置示波器面板上的控制件，使屏幕上获得一根水平扫描线。

（2）调节垂直移位使扫描基线处于垂直中心的水平刻度线上。

（3）检查扫描基线与水平刻度线是否平行，如不平行，用螺丝刀调整前面 "ROTATION "电位器。

1.2　探极补偿

探极的调整用于补偿由于示波器输入特性的差异而产生的误差，调整方法如下：

（1）按（附表 4-4）设置面板控制件，并获得一扫描基线。

（2）设置 V/DIV 为 50 mV/DIV 挡极。

（3）将 10：1 探极接入 Y1 通道，并与本机校正信号⑤连接。

（4）按第 4 章内容操作有关控制件，使屏幕上获得附图 4-5 波形。

（5）设置垂直方式至 "CH2"，并将 10：1 探极接入 Y2 通道，按步骤（2）～（5）方法检查调整 Y2 探极（附图 4-6）。

附图 4-5　波形图

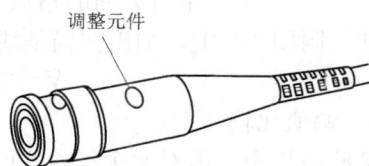

附图 4-6　探极插头图

2. 幅值的测量

2.1　峰-峰电压的测量

对被测信号波形峰-峰电压的测量，步骤如下：

（1）将信号输入至 Y1 或 Y2 插座，将垂直方式置于被选用的通道。

（2）设置电压衰减器并观察波形，使被显示的波形在 5 格左右，将检查微调顺时针旋至校正位置。

（3）调整电平使波形稳定（如果是电平锁定，则无须调节电平）。

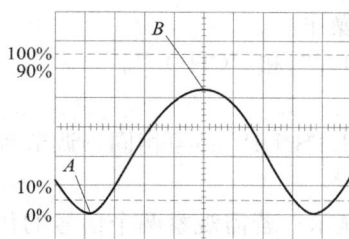

附图 4-7　波形图

（4）调节扫描速度开关，使屏幕显示至少一个波形周期。

（5）调整垂直位移，使波形底部在屏幕中某一水平坐标上（见附图 4-8A 点）。

（6）调整水平移位，使波形顶部在屏幕中央的垂直坐标上（见附图 4-7B 点）。

（7）读出垂直方向 A、B 两点之间的格数。

（8）按下面公式计算被测信号的峰-峰电压值（V_{p-p}）。

$$V_{p-p} = 垂直方向的格数 \times 垂直偏转系数$$

例如：附图 4-7 中：测出 A、B 两点垂直格数为 4.2 格，用 10：1 探极的垂直偏转系数为 2 V/DIV，$V_{p-p} = 2 \times 4.2 = 8.4$（V）

2.2　直流电压的测量

直流电压的测量步骤如下：

（1）设置面板控制器，使屏幕显示一条扫描基线。

（2）设置被选用通道的耦合方式为"GND"，见附图 4-8"测量前"。

（3）调节垂直移位，使扫描基线在某一水平坐标上（则定义此坐标为电压零值）。

（4）将被测电压馈入被选用的通道。

（5）将输入耦合置于"DC"，调节电压衰减器，使扫描基线偏移在屏幕中一个合适的位置上，之前须将微调顺时针旋至校正位置。

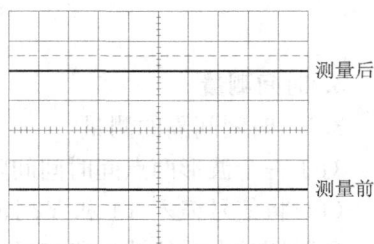

附图 4-8　直流电压的测量

（6）读出扫描基线在垂直方向上偏移的格数，见附图 4-8"测量后"。

（7）按下列公式计算被测直流电压值：

$$V = 垂直方向的格数 \times 垂直偏转系数 \times 偏转方向（+或-）$$

例如：附图 4-8 中，测出扫描基线比原基线上移 4 格，垂直偏转系数 2 V/DIV。

则
$$V = 2 \times 4 \times (+) = +8 \ (V)$$

2.3 幅值比较

在某些应用中，需对两个信号之间的幅值偏差（百分比）进行测量，其步骤如下：

(1) 将作为参考的信号馈入 Y1 或 Y2 通道。设置垂直方式为被选用的通道。

(2) 调整电压衰减器和微调控制器使屏幕显示幅度为垂直方向 5 格。

(3) 在保持电压衰减器和微调控制器在原位置不变的情况下，将探极从参考信号换接至欲比较的信号，调整垂直位移使波形底部对准屏幕的 0% 刻度线。

(4) 调整水平位移使波形顶部在屏幕中央的垂直刻度线上。

(5) 根据屏幕左侧的 0% 和 100% 的百分比标准，从屏幕中央的垂直坐标上读出百分比（1 小格等于 4%）。

例如：在附图 4-9 中，虚线表示参考波形，幅值为 5 格，实线为被比较信号波形，垂直幅度为 2 格，则该信号的幅值为参考信号的 40%。

2.4 代数迭加

当需要测量两个信号的代数和或差时，可根据下列步骤操作：

(1) 设置垂直方式为 "DUAL"，根据信号频率选择 "ALT" 和 "CHOP"。

(2) 将两个信号分别馈入 Y1 和 Y2 通道。

(3) 调节电压衰减器使两个信号的显示幅度适中且 VOLTS/DIV 必须相同，调节垂直移位，使两个信号波形处于屏幕中央。

(4) 将垂直方式置于 "ADD"，即得两个信号的代数和显示；若需观察两个信号的代数差，则将 Y2 反相（③按入），附图 4-10 分别示出两个信号的代数和及代数差。

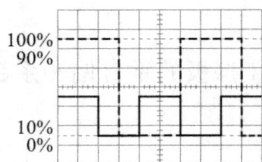

附图 4-9　波形图

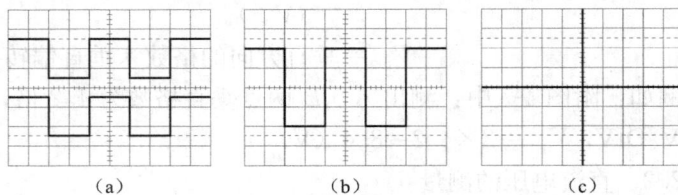

附图 4-10　两信号代数和与差的波形图
(a) 交替方式；(b) 相加方式（Y2 极性+）；(c) 相加方式（Y2 极性-）

3. 时间测量

3.1 时间间隔的测量

对于一个波形两点间时间间隔的测量。可按下列步骤进行：

(1) 将信号馈入 Y1 和 Y2 插座，设置垂直方式为被选通道。

(2) 调整电平使波形稳定显示（如果是电平锁定，则无须调节电平）。

(3) 将扫速微调顺时针旋至校正位置，调整扫速控制器，使屏幕上显示 1～2 个信号周期。

(4) 分别调整垂直位移和水平位移，使波形中需测量的两点位于屏幕中央水平刻度线上。

（5）测量两点之间的水平刻度，按下列公式计算出时间间隔。

$$时间间隔 = \frac{两点之间水平距离（格）\times 扫描时间系数（时间/格）}{水平扩展倍数}$$

例：在附图 4-11 中，测量 A、B 两点的水平距离为 8 格，扫描时间系数为 $2\ \mu s/DIV$，水平扩展×1，则：　　$时间间隔 = \dfrac{2\ \mu s/DIV \times 8\ DIV}{1} = 16\ \mu s$。

3.2　周期和频率的测量

在附图 4-11 的例子中，所测得的时间间隔即为该信号的周期 T，该信号的频率为 $1/T$，例如：$T = 16\ \mu s$，则频率为：

$$F = 1/T = 1/16 \times 10^{-6} = 62.5\ （kHz）$$

3.3　上升或下降时间的测量

上升（或下降）时间的测量方法和时间间隔的测量方法一样，只不过是测量被测波形上升（或下降）沿满幅度的 10% 和 90% 两处之间的水平轴距离，测量步骤如下：

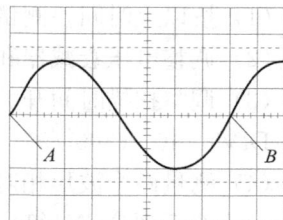

附图 4-11　时间间隙的测量

（1）设置垂直方式为 CH1 或 CH2，将信号馈送到被选中的通道。

（2）调整电压衰减器和微调，使波形的垂直幅度显示 5 格。

（3）调整垂直位移，使波形的顶部和底部分别位于 100% 和 0% 的刻度线上。

（4）调整扫速开关，使屏幕显示波形的上升沿或下降沿。

（5）调整水平位移，使波形上升沿的 10% 处相交于某一垂直刻度线上。

（6）测量 10% 到 90% 两点的水平距离（格），如波形的上升沿或下降沿较快则可以将水平扩展×10，使波形在水平方向上扩展 10 倍。

（7）按下列公式计算出波形的上升（或下降）时间

$$上升（或下降）时间 = \frac{水平距离（格）\times 扫描时间系数（时间/格）}{水平扩展倍数}$$

例：附图 4-12 中，波形上升的 10% 处至 90% 处的水平距离为 2.4 格，扫描时间系数 $1\ \mu s/DIV$，水平扩展×10，根据公式算出：

附图 4-12　上升或下降
时间的测量

$$上升时间 = \frac{1\ \mu s/DIV \times 2.4 DIV}{10} = 0.24\ \mu s。$$

3.4　时间差的测量

对两个相关信号的时间差测量，可按下列步骤进行：

（1）将参考信号和一个待比较信号分别馈入 "Y1" 和 "Y2" 通道。

（2）根据信号频率，将垂直方式置于 "交替" 或 "断续"。

（3）设置触发源为参考信号通道。

（4）调整电压衰减器和微调控制器，使之显示合适的幅度。

（5）调整电平使波形稳定显示。

（6）调整 T/DIV，使两个波形的测量点之间有一个能方便观察的水平距离。

（7）调整垂直位移，使两个波形的测量点位于屏幕中央的水平刻度线上。

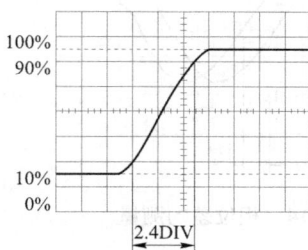

$$时间差＝\frac{水平距离（格）\times 扫描时间系数（时间/格）}{水平扩展倍数}$$

例：附图 4-13 中，扫描时间系数置于 10 μs/DIV，水平扩展×1，测量两点之间的水平距离为 1 格，则：时间差为 10 μs/DIV×1 DIV ＝10 μs

3.5　相位差的测量

相位差的测量可参考时间差的测量方法，步骤如下：

（1）按以上时间差测量方法的步骤（1）～（4）设置有关控制器。

（2）调整电压衰减器和微调控制器，使两个波形的显示幅度一致。

（3）调整扫描时间开关的微调，使波形的一个周期在屏幕上显示 9 格，这样水平刻度线上 1 DIV＝ 40°（360°/9）。

（4）测量两个波形相对位置上的水平距离（格）。

（5）按下列公式计算出两个信号的相位差

$$相位差＝水平距离（格）\times 40°/格$$

例：附图 4-14 中，测得两个波形相对位置上的距离为 1 格，
则按公式可算出：

$$相位差＝ 40°/DIV\times 1\ DIV＝ 40°$$

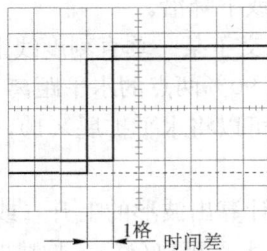

附图 4-13　时间差的测量　　　　　　　　附图 4-14　相位差的测量

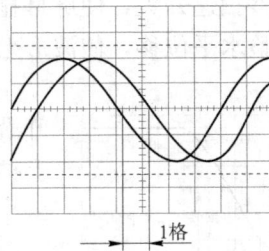

4. 电视场信号测量

本示波器具有显示电视场信号的功能，操作方法如下：

（1）将垂直方式置于"Y1"或"Y2"，将电视信号馈送至被选中的通道。

（2）将触发方式置于"电视"，并将扫速开关置于 20 ms/DIV。

（3）观察屏幕上显示是否是负极性同步脉冲信号，如果不是，可将信号改送至 Y2 通道，并使 Y2 相正极性同脉冲的电视信号倒相为负极性同步脉冲的电视信号。

（4）调整电压衰减器和微调控制器，显示合适的幅度。

（5）如需细致观察电视场信号，则可将水平扩展×10。

附录五　DS1052E 型数字示波器使用说明

一、概述

DS1052E 型示波器以优异的技术指标及众多功能特性的完美结合，向用户提供了简单而功能明晰的前面板，以进行所有的基本操作。各通道的标度和位置旋钮提供了直观的操作，完全符合传统仪器的使用习惯，用户不必花大量的时间去学习和熟悉示波器的操作即可熟练使用。为加速调整，便于测量，用户可直接按 AUTO 键，立即获得适合的波形显现和挡位设置。除易于使用之外，示波器还具有更快完成测量任务所需要的高性能指标和强大功能。通过 1 GSa/s 的实时采样和 25 GSa/s 的等效采样，可在示波器上观察更快的信号。强大的触发和分析能力使其易于捕获和分析波形。清晰的液晶显示和数学运算功能，便于用户更快更清晰地观察和分析信号问题。

二、技术性能

双模拟通道，每通道带宽：50 MHz。

高清晰彩色液晶显示系统：320×234 分辨率。

支持即插即用闪存式 USB 存储设备以及 USB 接口打印机，并可通过 USB 存储设备进行软件升级。

模拟通道的波形亮度可调。

自动波形、状态设置（AUTO）。

波形、设置、CSV 和位图文件存储以及波形和设置再现。

精细的延迟扫描功能，轻易兼顾波形细节与概貌。

自动测量 20 种波形参数。

自动光标跟踪测量功能。

独特的波形录制和回放功能。

内嵌 FFT。

实用的数字滤波器，包含 LPF，HPF，BPF，BRF。

Pass/Fail 检测功能，光电隔离的 Pass/Fail 输出端口。

多重波形数学运算功能。

独一无二的可变触发灵敏度，适应不同场合下特殊测量要求。

多国语言菜单显示。

弹出式菜单显示，用户操作更方便、直观。

中英文帮助信息显示及支持中英文输入。

三、示波器的初步操作说明（指南）

DS1052E 示波器向用户提供简单而功能明晰的前面板，以进行基本的操作。面板上包括旋钮和功能按键。显示屏右侧的一列 5 个灰色按键为菜单操作键（自上而下定义为 1 号至5 号）。通过它们，可以设置当前菜单的不同选项；其他按键为功能键，通过它们，可以进入不同的功能菜单或直接获得特定的功能应用。

1. DS1052E 前面板控制件位置图及功能（附图 5-1）

值得注意的是，MENU 功能键的标识用一方框包围的文字表示，如 | **MEASURE** |，代表前面板上的标注 Measuee 文字的透明功能键。

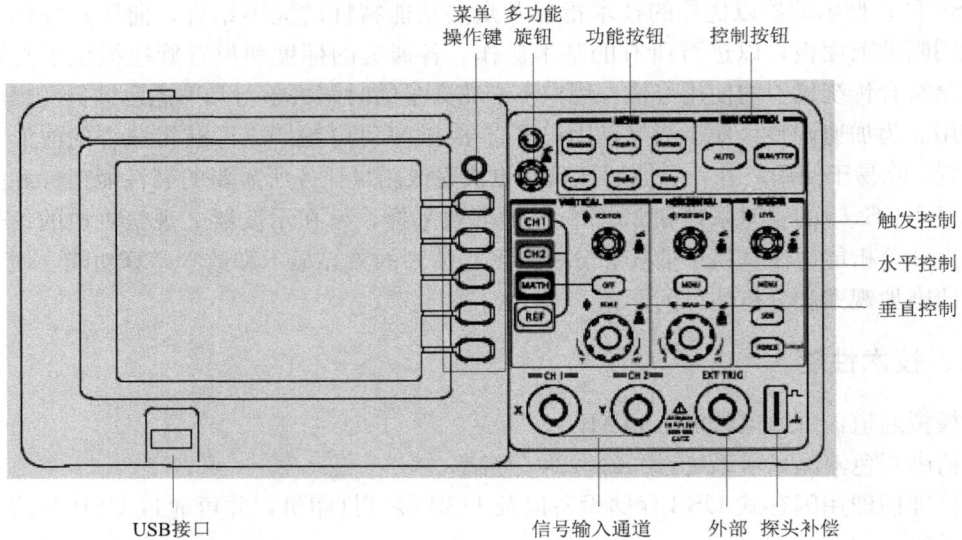

附图 5-1　DS1052E 前面板控制件位置图

标识为 ⟳ 的多功能旋钮，用（⟳）表示。

两个标识为 POSITION 的旋钮，用 ⊙POSITION 表示。

两个标识为 SCALE 的旋钮，用 ⊙SCALE 表示。

标识为 LEVEL 的旋钮，用 ⊙LEVEL 表示。

菜单操作键的标识用带阴影的文字表示，如波形存储，表示存储菜单中的存储波形选项。

显示界面说明参见附图 5-2、附图 5-3。

2. 探头补偿

在首次将探头与任一输入通道连接时，进行此项调节，使探头与输入通道相配。未经补偿或补偿偏差的探头会导致测量误差或错误。若调整探头补偿，请按如下步骤：

（1）将探头菜单衰减系数设定为 10×，将探头上的开关设定为 10×，并将示波器探头与通道 1 连接。如使用探头钩形头，应确保与探头接触紧密。

将探头端部与探头补偿器的信号输出连接器相连，基准导线夹与探头补偿器的地线连接器相连，打开通道 1，然后按 | AUTO |。

（2）检查所显示的波形（附图 5-4）。

（3）如必要，用非金属质地的改锥调整探头上的可变电容，直到屏幕显示的波形"补偿正确"。

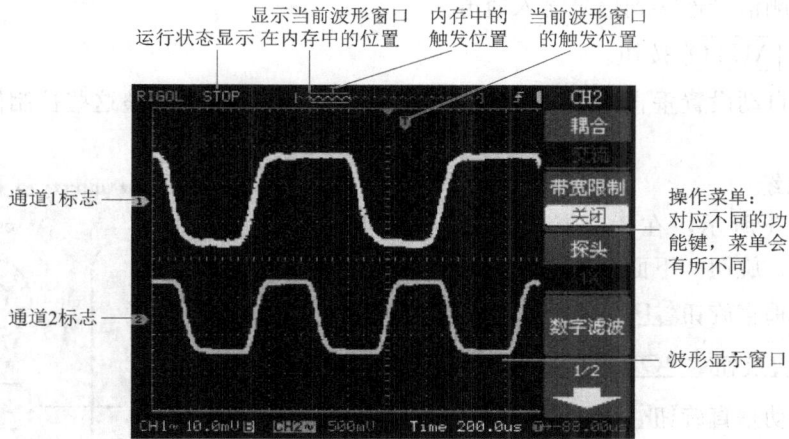

附图 5-2　显示界面说明（仅模拟通道打开）

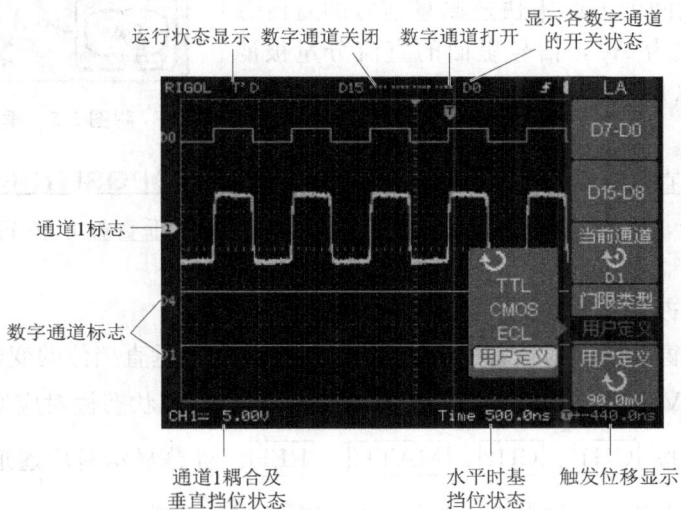

附图 5-3　显示界面说明（模拟和数字通道同时打开）

补偿过度　　　　　　　补偿正确　　　　　　　补偿不足

附图 5-4　探头补偿调节

（4）必要时，重复以上步骤。

3. 波形显示的自动设置

DS1052E 型数字示波器具有自动设置的功能。根据输入的信号，可自动调整电压倍率、时基以及触发方式至最好形态显示。应用自动设置要求被测信号的频率大于或等于 50 Hz，占空比大于 1%。

使用自动设置：

（1）将被测信号连接到信号输入通道。

（2）按下 $\boxed{\text{AUTO}}$ 按钮。

示波器将自动设置垂直、水平和舷发控制。如需要，可手工调整这些控制使波形显示达到最佳。

4. 垂直系统

如附图 5-5 所示，在垂直控制区（VERTICAL）有一系列按键、旋钮。下面介绍垂直设置的使用。

（1）使用垂直旋钮 ⊛POSITION 在波形窗口居中显示信号。垂直旋钮 ⊛POSITION 控制信号的垂直显示位置。当转动垂直旋钮 ⊛POSITION 时，指示通道地（GROUND）的标识跟随波形而上下移动。

测量技巧：如果通道耦合方式为 DC，可以通过观察波形与信号地之间的差距来快速测量信号的直流分量。如果耦合方式为 AC，信号里面的直流分量被滤除。这种方式可以以更高的灵敏度显示信号的交流分量。

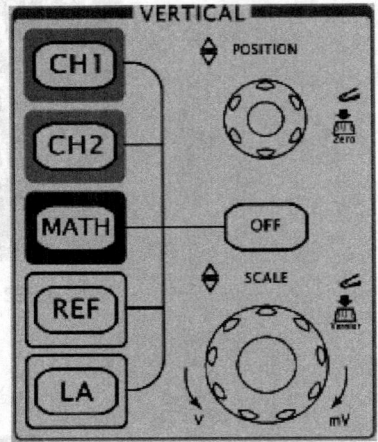

附图 5-5　垂直控制系统

双模拟通道垂直位置恢复到零点快捷键：旋动垂直旋钮 ⊛POSITION 不但可以改变通道的垂直显示位置，更可以通过按下该旋钮作为设置通道垂直显示位置恢复到零点的快捷键。

（2）改变垂直设置，并观察因此导致的状态信息变化。

可以通过波形窗口下方的状态栏显示的信息，确定任何垂直挡位的变化。转动垂直旋钮 ⊛SCALE 改变"Volt/DIV（伏/格）"垂直挡位，可以发现状态栏对应通道的挡位显示发生了相应的变化。按 $\boxed{\text{CH1}}$、$\boxed{\text{CH2}}$、$\boxed{\text{MATH}}$、$\boxed{\text{REF}}$，屏幕显示对应通道的操作菜单、标志、波形和挡位状态信息。按 $\boxed{\text{OFF}}$ 按键关闭当前选择的通道。

Coarse/Fine（粗调/微调）快捷键：可通过按下垂直 ⊛SCALE 旋钮作为设置输入通道的粗调/微调状态的快捷键，然后调节该旋钮即可粗调/微调垂直挡位。

5. 水平系统

如附图 5-6 所示，在水平控制区（HORIZONTAL）有一个按键、两个旋钮。下面介绍水平时基的设置。

（1）使用水平旋钮 ⊛SCALE 改变水平挡位设置，并观察因此导致的状态信息变化。

转动水平旋钮 ⊛SCALE 改变"s/DIV（秒/格）"水平挡位，可以发现状态栏对应通道的挡位显示发生了相应的变化。水平扫描速度从 5 ns 至 50 s，以 1—2—5 的形式递进。

Delayed（延迟扫描）快捷键：水平旋钮不但可以通过转动调整"s/DIV（秒/格）"，更可以按下切换到延迟扫描状态。

（2）使用水平 ⊛POSITION 旋钮调整信号在波形窗口的水平位置。

水平◎POSITION 旋钮控制信号的触发位移。当应用于触发位移时，转动水平◎POSITION 旋钮，可以观察到波形随旋钮而水平移动。

触发点位移恢复到水平零点快捷键：水平◎POSITION 旋钮不但可以通过转动调整信号在波形窗口的水平位置，更可以按下该键使触发位移（或延迟扫描位移）恢复到水平零点处。

（3）按 MENU 按钮，显示 TIME 菜单。在此菜单下，可以开启/关闭延迟扫描或切换 Y-T、X-Y 和 ROLL 模式，还可以设置水平触发位移复位。

触发位移是指实际触发点相对于存储器中点的位置。转动水平◎POSITION 旋钮，可水平移动触发点。

6. 触发系统

如附图 5-7 所示，在触发控制区（TRIGGER）有一个旋钮、三个按键。下面介绍触发系统的设置。

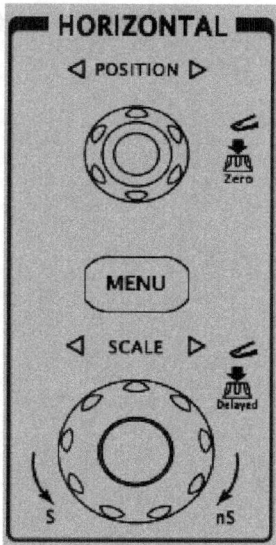

附图 5-6　水平控制系统　　　　　附图 5-7　触发系统

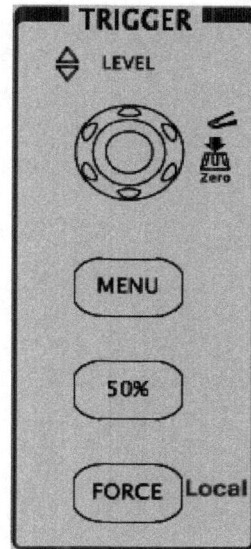

（1）使用◎LEVEL 旋钮改变触发电平设置。转动◎LEVEL 旋钮，可以发现屏幕上出现一条橘红色的触发线以及触发标志，随旋钮转动而上下移动。停止转动旋钮，此触发线和触发标志会在约 5 秒后消失。在移动触发线的同时，可以观察到在屏幕上触发电平的数值发生了变化。

触发电平恢复到零点快捷键：旋动◎LEVEL 旋钮不但可以改变触发电平值，更可以通过按下该旋钮作为设置触发电平恢复到零点的快捷键。

（2）使用 MENU 调出触发操作菜单（见附图 5-8），改变触发的设置，观察由此造成的状态变化。

按 1 号菜单操作按键，选择边沿触发。

按 2 号菜单操作按键，选择"信源选择"为 CH1。

按 3 号菜单操作按键，设置"边沿类型"为上升沿。

按 4 号菜单操作按键，设置"触发方式"为自动。

按 5 号菜单操作按键，进入"触发设置"二级菜单，对触发的耦合方式，触发灵敏度和触发释抑时间进行设置。

注：改变前三项的设置会导致屏幕右上角状态栏的变化。

（3）按 $\boxed{50\%}$ 按钮，设定触发电平在触发信号幅值的垂直中点。

（4）按 $\boxed{\text{FORCE}}$ 按钮，强制产生一触发信号，主要应用于触发方式中的"普通"和"单次"模式。

触发释抑是指重新启动触发电路的时间间隔。旋动多能旋钮（ ），可设置触发释抑时间。

附图 5-8　触发操作菜单

附录六　万用表的使用说明

Ⅰ. 天宇 MF47 系列万用表的使用说明

一、概述

天宇 MF47 系列万用表是一款多功能、多用途、多重保护的仪器产品。从事电脑、电器设备、家用电器、电子电工的工厂、学校的科研、生产、维护和维修人员都可以使用 MF47 系列万用表。

（一）万用表基本原理图

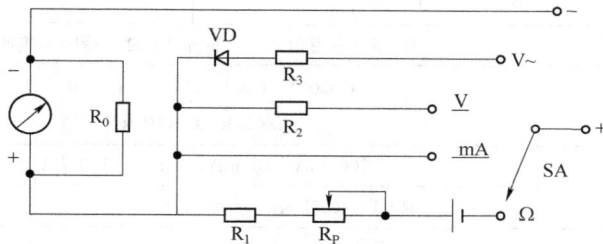

（二）天宇 MF47 系列万用表电路图

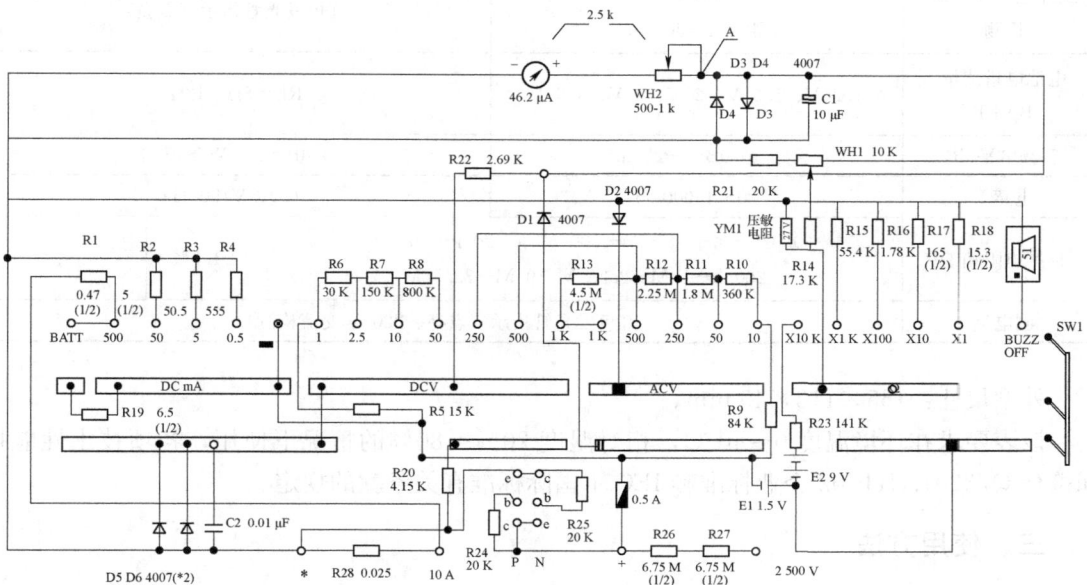

本图纸中凡电阻阻值未注明者为Ω，功率未注明者为1/4 W(2007)

二、技术规范

量限范围		灵敏度及电压降	精度	误差表示方法
直流电流 DCA	0—0.05 mA—0.5 mA—5 mA—50 mA—500 mA	0.25 V	2.5	
	10 A	20 kΩ	5	
直流电压 DCV	0—0.25 V—1 V—2.5 V—10 V—50 V	9 kΩ/V	2.5	以量限的 百分数计算
	250 V—500—1 000 V			
	2 500 V			
交流电压 ACV	0—10 V—50 V—250 V—500 V— 1 000 V—2 500 V		5	
直流电阻 Ω	R×1 R×10 R×100 R×1 k R×10 k R×100 k	中心值 16.5	10	以量限的 百分数计算
通路蜂鸣	R×3（参考值） 低于 10 Ω 时蜂鸣器鸣叫			
电容测量 C（μf）	C×0.1 C×1 C×10 C×100 C×1 k C×10 k			
L1 检测（mA）	100 mA—10 mA—1 mA—100 μA			
LV 检测（V）	R×1～R×1 k	0～1.5 V		
	R×10 k	0～10.5 V		
晶体管直流 放大倍数 hFE	R×10 hFE	0～1 000		
红外遥控发射器 检测	垂直角度±15° 距离 1—30 cm	红色发光管指示（点亮）		
电池电量测量 BATT	1.2 V、1.5 V、2 V、3 V、3.6 V	RL=8Ω—12Ω		
音频电平 dB	−10 dB～+22 dB	0 dB=1 mW/600 Ω		
电感 L	20～1 000 H	10 ACV/50 Hz		
标准电阻箱 Ω	0.025—0.5—5—50—500—5 k—20 k—50 k— 200 k—1 M—2.25 M—9 M—22.5 M	±1.5%		
测电笔	红色发光管指示（点亮、220 V 交流检测）			

外型尺寸：165×112×49 mm。

该表要求在环境温度 0～40 ℃，相对湿度 20％～80％ 的情况下使用，各项技术性能指标符合 Q/3201NJHC02 企业标准和 IEC51 国际标准有关条款的规定。

三、使用方法

在使用前应检查指针是否指在机械零位上，如不指在零位，可旋转表盖上的调零器使指针指示在零位上。然后将测试棒红黑插头分别插入"＋""－"插孔中，如测量交直流 2 500 V 或直流 10 A 时，红插头则应分别插到标有"2 500 V"或"10 A"插座中。

（一）直流电流测量

测量 0.05～500 mA 时，转动开关至所需的电流档。测量 10 A 时，应将红插头"＋"插入 10 A 插孔内，转动开关可放在 500 mA 直流电流量限上，而后将测试棒串接于被测电路中。

（二）交直流电压测量

测量交流 10～1 000 V 或直流 0.25～1 000 V 时转动开关至所需电压档，测量交直流 2 500 V 时，开关应分别旋至交直流 1 000 V 位置上，而后将测试棒跨接于被测电路两端。若配以高压探头，可测量电视机≤25 kV 的高压。测量时，开关应放在 50 μA 位置上，高压探头的红黑插头分别插入"＋""－"插座中，接地夹与电视机金属底板连接，而后握住探头进行测量。

测量交流 10 V 电压时，读数请看交流 10 V 专用刻度（红色）。

（三）直流电阻测量

装上电池（R14 型 2♯1.5 V 及 6F22 型 9 V 各一只），转动开关到所需测量的电阻档，将测试棒二端短接，调整欧姆旋钮，使指针对准欧姆"0"位上，然后分开测试棒进行测量。测量电路中的电阻时，应先切断电源，如电路中有电容应先行放电。当检查有极性电解电容漏电电阻时，可转动开关至 R×1k 档，测试棒红杆必须接电容器负极，黑杆接电容正极。注意：当 R×1 档不能调至零位或蜂鸣器不能正常工作时，请更换 2♯（1.5 V）电池。当 R×10k 档不能调至零位时，或者红外线检测档发光管亮度不足时，请更换 6F22（9 V）叠层电池。

（四）通路蜂鸣检测

首先同欧姆档一样将仪表调零，此时蜂鸣器工作发出约 1 kHz 长鸣叫声，即可进行测量。当被测电路阻值低于 10 Ω 左右时，蜂鸣器发出鸣叫声，此时不必观察表盘即可了解电路通断情况。音量与被测线路电阻成反比例关系，此时表盘指示值约为 R×3（参考值）。

（五）红外遥控检测

该档是为判别红外线遥控发射器工作是否正常而设置。旋至该档时，将红外线发射器的发射头垂直对准表盘左下方接收窗口，（偏差不大于±15°）按下需检测功能按钮。如红色发光管闪亮，表示该发射器工作正常。在一定距离内（1～30 cm）移动发射器，还可以判断发射器输出功率状态。使用该档时应注意：1、发射头必需垂直于接收窗口±15°内检测。2、当有强烈光线直射接收窗口时，红色指示灯会点亮，并随入射光线强度不同而变化（此时可做光照度计参考使用。）所以检测红外遥控器时应将万用表表盘面避开直射光。

（六）音频电平测量

在一定的负荷阻抗上，用来测量放大器的增益和线路输送的损耗，测量单位以分贝表示，音频电平是以交流 10 V 为基准刻度，如指示值大于＋22 dB 时，可在 50 V 档位以上各量限测量，按表上对应的各量限的增加值进行修正。测量方法与交流电压基本相似，转动开关至相应的交流电压档，并使指针有较大的偏转。如被测电路中带有直流电压成份，可在"＋"插座中串接一个 $0.1\ \mu f$ 的隔直流电容器。

（七）电容测量

首先将开关旋至被测电容容量大约范围的档位上（见附表），用 Ω（C）档校准调零。被测电容接在表棒两端，表针摆动的最大指示值即为该电容电量。随后表针将逐步退回，表针停止位置即为该电容的品质因数（损耗电阻）值。注：1、每次测量后应将电容彻底放电后再进行测量，否则测量误差将增大。2、有极性电容应按正确极性接入，否则测量误差及损耗电阻将增大。

电容档位 C（μf）	C×0.1	C×1	C×10	C×100	C×1 k	C×10 k
测量范围 （μf）	1 000 pf～ 1 μf	0.01 μf～ 10 μf	0.1 μf～ 100 μf	1 μf～ 1 000 μf	10 μf～ 10 000 μf	100 μf～ 100 000 μf

（八）电感测量

使用 L（H）刻度线。首先准备交流 10 V/50 Hz 标准电压源一只，将开关旋至交流 10 V 档，需测电感串接于任一测试棒而后跨接于 10 V 标准电压源输出端，此时表盘（LH）刻度值为被测电感值。

（九）晶体管放大倍数测量

转动开关至 R×10 hFE 处，同 Ω 档方法调零后将 NPN 或 PNP 型晶体对应插入晶体管 N 或 P 孔内，表针指示值即为该管直流放大倍数。如指针偏转指示大于 1 000 时应首先检查：1. 是否插错管脚；2. 晶体管是否损坏。本仪表按硅三极管定标、复合三极管，锗三极管测量结果仅供参考。

（十）电池电量测量

使用 BATT 刻度线，该档位可供测量 1.2 V－3.6 V 的各类电池（不包括钮扣电池）电量用。测量时将电池按正确极性搭在两根表棒上，观察表盘上 BATT 对应刻度，分别为 1.2 V、1.5 V、2 V、3 V、3.6 V 刻度。绿色区域表示电池电力充足，"?"区域表示电池尚能使用，红色区域表示电池电力不足。测量钮扣电池及小容量电池时，可用直流 2.5 V 电压档（RL＝50 k）进行测量。

（十一）负载电压 LV（V）（稳压）、负载电流 LI（mA）参数测量

该档主要测量在不同的电流下非线性器件电压降性能参数或反向电压降（稳压）性能参数。如发光二极管、整流二极管、稳压二极管及三极管等，在不同电流下曲线，或稳压二极管性能。测量方法同 Ω 档，其中 0～1.5 刻度供 R×1～R×1 k 用，0～10.5 V 供 R×10 k 档用（可测量 10 V 以内稳压管）。各档满度电流见下表：

开关位置（Ω）档	R×1	R×10	R×100	R×1 k	R×10 k	R×100 k
满度电流 I	100 mA	10 mA	1 mA	100 μA	70 μA	7 μA
测量范围 LV	0～1.5 V				0～10.5 V	

（十二）标准电阻箱应用（Ω）

在一些特殊情况下，可利用本仪表直流电压或电流档做为标准电阻使用，当该表位于直流电压档时，如 1 V 档相当于 20 k 标准电阻（1.0 V×20 k），其余各档类推。当该表位于直流电流档时，如 5 mA 档相当于 50 Ω 标准电阻（0.25 V÷0.005 A＝50 Ω），其余各档可根据技术规范类推（注意：使用该项功能时，应避免表头过载而出现故障）。

档位	5 A	500 mA	50 mA	5 mA	0.5 mA	50 μA	1 V	2.5 V	10 V	50 V	250	1 000 V	2 500 V
标准电阻值（Ω）	0.05	0.5	5	50	500	5 k	20 k	50 k	200 k	1 M	2.25 M	9 M	22.5 M

四、注意事项

（一）本产品采用过压、过流自融断保护电路及表头过载限幅保护等多重保护，但使用时仍应遵守下列规程避免意外损失。

1. 测量高压或大电流时，为避免烧坏开关，应在切断电源情况下，变换量限。

2. 测量未知量的电压或电流时，应选择最高数，待第一次读取数值后，方可逐渐转至适当位置以取得较准读数并避免烧坏电路。

3. 如偶然发生因过载而烧断保险丝时，可打开保险丝盖板换上相同型号的备用保险丝。（0.5 V/250 V，R≤0.5 Ω、位置在保险丝盖板内）。

（二）测量高压时，要站在干燥绝缘板上，并一手操作，防止意外事故。

（三）电阻各档用干电池应定期检查、更换，以保证测量精度，如长期不用，应取出电池，以防止电解液溢出腐蚀而损坏其它零件。

（四）仪表应保存在室温为 0～40 ℃，相对湿度不超过 80%，并不含有腐蚀性气体的场所。阴雨天或空气潮湿时（相对湿度大于 90%），在 R×100 k 档（此档仅限于 MF－47C 型）指针有时会自动偏转（表棒未短路），这是正常现象，空气干燥时会自动消失。

Ⅱ. 数字万用电表 UT51～55 系列使用说明

一、外表结构（附图 6-1）

① 电源开关

② 电容测试座

③ LCD 显示器

④ 功能开关

⑤ 晶体管测试座

⑥ 输入插座

二、测量操作说明

操作前注意事项：

1. 将 POWER 开关按下，检查 9 V 电池，如果电池电压不足，"电池图标"将显示在显示器上，这时则需更换电池。

2. 测试笔插孔旁边的"Δ!"符号，表示输入电压或电流不应超过显示值，这是为了保护内部线路免受损坏。

3. 测试之前，功能开关应置于你所需要的量程。

附图 6-1　数字万用电表

1. 直流电压测量

(1) 将黑色笔插入 COM 插孔，红表笔插入 V 插孔。

(2) 将功能开关置于 V－量程范围，并将测试表笔并接到待测电源或负载上，红表笔所接端子的极性将同时显示。

！注意

＊如果不知被测电压范围。将功能开关至于最大量程并逐渐下调。

＊如果显示器只显示"1"，表示这量程，功能开关应置于更高量程。

＊"Δ!"表示不要输入高于 1 000 V 的电压，显示更高的电压值是可能的，但有损坏内部线路的危险。

＊当测量高电压时要格外注意避免触电。

2. 交流电压测量

(1) 将黑表笔插入 COM 插孔，红表笔插入 V 插孔。

(2) 将功能开关置于 V～量程范围，并将测试表笔并接到待测电源或负载上。

！注意

＊参看直流电压"注意"。

＊"Δ!"表示不要输入高于 750 V 有效值的电压，显示更高的电压值是可能的，但是有损坏内部线路的危险。

3. 直流电流测量

(1) 将黑表笔插入 COM 插孔，当测量最大值为 200 MA（UT51 为 2 A）以下的电流时，红表笔插入 mA 插孔。当测量最大值为 20 A（10 A）的电流时，红表笔插入 A 插孔。

(2) 将功能开关置 A－量程，并将测试表笔串联接入到待测负载回路里，电流值显示的同时，将显示红表笔的极性。

！注意

＊如果使用前不知道被测电流范围，将功能开关至于最大的量程并逐渐下调。

＊如果显示器只显示"1"，表示过量程，功能开关应置于更高量程。

＊"Δ!"表示最大输入电流为 200 mA（UT51 为 2 A），过量的电流将烧坏保险丝，应即时更换，20 A 量程无保险丝保护，UT51（10 A 量程）有保险丝保护。

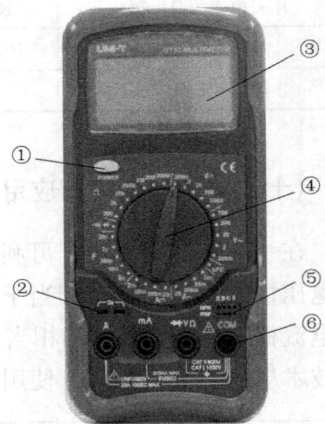

4. 交流电流的测量

（1）将黑表笔插入 COM 插孔，当测量最大值为 200 mA（UT51 为 2 A）以下的电流时，红表笔插入 mA 插孔。当测量最大值为 20 A（10 A）的电流时，红色表笔插入 A 插孔。

（2）将功能开关置于 A～量程，并将测试表笔串联接入到待测负载回路里。

! 注意

＊参看直流电流测量"注意"。

5. 电阻测量

（1）将黑表笔插入 COM 插孔，红表笔插入 Ω 插孔。

（2）将功能开关置于 Ω 量程，将测试表笔并接到待测电阻上。

! 注意

＊如果被测电阻值超出所选择量程的最大值，将显示过量程"1"，应选择更高的量程，对于大于 1 MΩ 或更高的电阻，要几秒钟后都读数才能稳定，对于高阻值读数这是正常的。

＊当无输入时，例如开路情况，仪表显示为"1"。

＊当检查内部线路阻抗时，被测线路必须将所有电源断开，电容电荷放尽。

＊200 MΩ 短路时有 10 个字，测量时应从读数中减去，如测 100 MΩ 电阻时，显示 101.0，10 个字应被减去。

6. 电容测量

连接待测电容之前，注意每次转换量程时复零需要时间，有漂移读数存在不会影响测试精度。

! 注意

＊仪器本身虽然对电容档设置了保护，但仍须将待测电容先放电然后进行测试，以防损坏本表或引起测量误差。

＊测量电容时，将电容插入电容测试座中。

＊测量大电容时稳定读数需要一定的时间。

＊单位：$1 pF = 10^{-6} \mu F$，$1 nF = 10^{-3} \mu F$。

7. 频率测量

（1）将红表笔插入 Hz 插孔，黑表笔插入 COM 插孔。

（2）将功能开关置于 kHz 量程，并将测试笔并接到频率源上，可直接从显示器上读取频率值。

8. 温度测量

测量温度时，将热电偶传感的冷端（自由端）插入温度测试座中，请注意极性。热电偶的工作端（测温端）置于待测物上面或内部，可直接从显示器上读数，其单位为摄氏°C。

9. 二极管测试及蜂鸣通断测试

（1）将黑色表笔插入 COM 插孔，红表笔插入 VΩ 插孔（红表笔极性为"＋"）将功能开关置于"二极管"档，并将表笔连接到待测二极管上，读数为二极管正向压降的近似值。

（2）将表笔连接到待测电路的两端，如果两端之间电阻值低于约 70 Ω，内置蜂鸣器发声。

10. 晶体管 hFE 测试

（1）将功能开关置 hFE 量程。

（2）确定晶体管是 NPN 或 PNP 型，将基极、发射极和集电极分别插入面板上相应的插孔。

（3）显示器上将显示 hFE 的近似值，测试条件：Ib≈10 μA，Vce≈2.8 V。

11. 自动电源切断使用说明（仅 UT53、UT54、55 有此功能）

（1）仪表设有自动电源切断电路，当仪表工作时间约 15 分钟左右，电源自动切断，仪表进入睡眠状态，这时仪表约消耗 7 μA 的电流。

（2）当仪表电源切断后若要重新开启电源，请重复按动电源开关两次。

附录七　中华人民共和国法定计量单位

我国的法定计量单位包括：

（1）国际单位制的基本单位（见附表7-1）；

（2）国际单位制的辅助单位（见附表7-2）；

（3）国际单位制中具有专门名称的导出单位（见附表7-3）；

（4）国家选定的非国际单位（见附表7-4）；

（5）由以上单位构成的组合形式单位；

（6）由词冠和以上单位所构成的十进倍数和分数单位（词冠见附表7-5）。

附表 7-1　国际单位制的基本单位

量的名称	单位名称	单位符号
长度	米	m
质量	千克（公斤）	kg
时间	秒	s
电流	安［培］	A
热力学温度	开［尔文］	K
物质的量	摩［尔］	mol
发光强度	坎［德拉］	cd

附表 7-2　国际单位制的辅助单位

量的名称	单位名称	单位符号
平面角	弧　度	rad
立体角	球面度	sr

附表 7-3　国际单位制中具有专门名称的导出单位

量的名称	单位符号	单位名称	其他表示示例
频率	赫［兹］	Hz	s^{-1}
力、重力	牛［顿］	N	$kg \cdot m \cdot s^{-2}$
压力、压强、应力	帕［斯卡］	Pa	$N \cdot m^{-2}$
能量、功、热量	焦［耳］	J	$N \cdot m$
功率、辐射通量	瓦［特］	W	$J \cdot S^{-1}$
电荷、电量	库［仑］	C	$A \cdot s$
电位、电压、电动势	伏［伏］	V	W/A
电容	法［拉］	F	C/V
电阻	欧［姆］	Ω	V/A
电导	西［门子］	S	A/V
磁通量	韦［伯］	Wb	$V \cdot s$

量的名称	单位符号	单位名称	其他表示示例
磁通密度、磁感应强度	特［斯拉］	T	Wb/m²
电感	亨［利］	H	Wb/A
摄氏温度	摄氏度	℃	
光通量	流［明］	lm	cd·sr
［光］照度	勒［克斯］	lx	1 m/m²
［放射性］活度	贝可［勒尔］	Bq	s⁻¹
吸收剂量	戈［瑞］	Gy	J/kg
剂量当量	希［沃特］	Sv	J/kg

附表 7-4　国家选定的非国际制单位

量的名称	单位名称	单位符号	换算关系和说明
时　间	分	min	1 min= 60 s
	［小］时	h	1 h= 60 min= 3 600 s
	日［天］	d	1 d=24 h=86 400 s
平面角	［角］秒	(″)	$1'' = (\pi/648\,000)$ rad
	［角］分	(′)	$1' = 60'' = (\pi/10\,800)$ rad
	度	(°)	$1° = 60' = (\pi/180)$ rad
旋转速度	转每分	r/min	1 r/min= (1/60) s⁻¹
长度	海里	n mile	1 n mile=1 852 m （只用于航程）
速度	节	kn	1 kn=1 n mile/h= (1 852/3 600) m/s （只适用于航行者）
质量	吨	T	1 t=10³ kg
	原子质量单位	u	1 u≈1. 660 565 5×10⁻²⁷ kg
体积	升	L, (l)	1 L=1 dm³=10⁻³ m³
能	电子伏特	eV	1 eV≈1. 602 189 2×10⁻¹⁹ J
级差	分贝	dB	
线密度	特［克斯］	tex	1 tex= 1 g/km

附表 7-5　用于构成十进倍数和分数单位的词冠

所表示因数	词冠名称	词冠符号
10¹⁸	艾［可萨］	E
10¹⁵	拍［它］	P
10¹²	太［拉］	T
10⁹	吉［咖］	G

所表示因数	词冠名称	词冠符号
10^6	兆	M
10^3	千	k
10^2	百	h
10^1	十	da
10^{-1}	分	d
10^{-2}	厘	c
10^{-3}	毫	m
10^{-6}	微	μ
10^{-9}	纳［诺］	n
10^{-12}	皮［可］	p
10^{-15}	飞［母托］	f
10^{-18}	阿［托］	a

注：1. 周、月、年（年的符号为 a）为一般常用时间单位。

2. ［　］内的字，是在不致混淆的情况下，可以省略的字。

3. （　）内的字为前者的同义语。

4. 角度单位度、分、秒的符号不处于数字后时，用括弧。

5. 升的符号中，小写字母 l 为备用符号。

6. r 为转的符号。

7. 日常生活和贸易中，质量习惯称为重量。

8. 公里为千米的俗称，符号为 km。

9. 10^4 称为万，10^8 称为亿，10^{12} 称为万亿，这类数字的使用不受词冠名称的影响，但不应与词冠混淆。

附录八　物理学常用数表

附表 8-1　基本和重要的物理学常数表

物理量	符号	数　值	单位符号
真空中的光速	c	299 792 458 米/秒	$\text{m}\cdot\text{s}^{-1}$
基本电荷	e	$1.602\ 189\ 2\times10^{-19}$ 库仑	C
电子静止质量	m_e	$9.109\ 534\times10^{-31}$ 千克	kg
中子质量	m_n	$1.674\ 954\ 3\times10^{-27}$ 千克	kg
质子质量	m_p	$1.672\ 648\ 5\times10^{-27}$ 千克	kg
原子质量单位	u	$1.660\ 565\ 5\times10^{-27}$ 千克	kg
普朗克常数	h	$6.626\ 176\times10^{-34}$焦·秒 或 4.136×10^{-15}电子伏特·秒	J·s eV·s
阿伏伽德罗常数	N_A	$6.022\ 045\times10^{23}$/摩尔	mol^{-1}
摩尔气体常数	R	$8.314\ 41$焦耳/(摩·开尔文)	$\text{J}\cdot\text{mol}^{-1}\cdot\text{K}^{-1}$
玻尔兹曼常数	k	$1.380\ 662\times10^{-23}$焦耳/开尔文 或 8.617×10^{-15}电子伏特/开尔文	$\text{J}\cdot\text{K}^{-1}$ 或 $\text{eV}\cdot\text{K}^{-1}$
万有引力恒量	G	$6.672\ 0\times10^{-11}$牛顿·米^2/千克^2	$\text{N}\cdot\text{m}^2\cdot\text{kg}^{-2}$
法拉第常数	F	$9.648\ 456\times10^4$库/摩	$\text{C}\cdot\text{mol}^{-1}$
热功当量	J	4.184焦耳/卡	$\text{J}\cdot\text{cal}^{-1}$
里德伯常数	R_∞	$1.097\ 373\ 177\times10^7$/米 $1.096\ 775\ 76\times10^7$/米	m^{-1}
洛喜密德常数	n	$2.687\ 19\times10^{25}$/米^3	m^{-3}
库仑常数	$e^2/4\pi\varepsilon_0$	14.42电子伏特·埃	eV·nm
电子荷质比	e/m_e	$1.758\ 804\ 7\times10^{11}$库/千克	$\text{C}\cdot\text{kg}^{-1}$
电子经典半径	$r_e=e^2/4\pi\varepsilon_e Mc^2$	2.818×10^{-13}米	m
电子静止能量	$m_e c^2$	$0.511\ 0$ 兆电子伏特	MeV
质子静止能量	$m_p c^2$	938.3 兆电子伏特	MeV
质子质量单位 的等价能量	Mc^2	$9\ 315$ 兆电子伏特	MeV
电子的康普顿波长	$\lambda_c=h/Mc$	2.426×10^{-12}米	m
电子磁矩	$\mu_e=E\pi/2M$	$0.927\ 3\times10^{-23}$焦耳·米^2/韦伯	$\text{J}\cdot\text{m}^2\cdot\text{Wb}^{-1}$
玻尔半径	$a_0=4\pi\varepsilon_0 h^2/me^2$	$0.529\ 2\times10^{-10}$米	m
标准大气压	P_0	$101\ 325$ 帕	Pa
冰点绝对温度	T_0	273.15 开尔文	K
标准状态下声音 在空气中的速度	c	331.45米/秒	$\text{m}\cdot\text{s}^{-1}$

物理量	符号	数　　值	单位符号
标准状态下干燥空气密度	$\rho_{空气}$	1.293 千克/米³	kg · m⁻³
标准状态下水银密度	$\rho_{水银}$	13 595.04 千克/米³	kg · m⁻³
标准状态下理想气体的摩尔体积	V_m	22.413 83×10⁻³ 米³/摩	m³ · mol⁻¹
真空介电常数（电容率）	ε^0	8.854 188×10⁻¹² 法拉/米	F · m⁻¹
真空的磁导率	μ_0	12.566 371×10⁷ 亨/米	H · m⁻¹
镉光谱中黄线波长	D	589.3×10⁻⁹ 米 [D₁：489.0×10⁻⁹ 米 D2：489.6×10⁻⁹ 米]	m
在 15 ℃、101 325 帕时钠光谱中红线的波长	λ_{cd}	643.846 96×10⁻⁹ 米	m

转换因子

1 电子伏特＝1.602×10⁻¹⁹ 焦耳

1 nm＝ 10⁻¹⁰ 米

1 原子质量单位＝1.661×10⁻²⁷ 千克

附表 8-2　一般固态物质的密度　　　　　　　　　　g/cm³

物质	密度	物质	密度
软木	0.24	象牙	1.8～1.9
木炭	0.3～0.9	混凝土	1.8～2.4
木头	0.4～0.8	石墨	1.9～2.3
书写用纸	0.7～1.2	湿砂	2.0
石蜡	0.87～0.93	食盐	2.1～2.5
冰	0.88～0.92	瓷	2.1～2.5
蜡	0.95～0.99	花岗石	2.4～2.8
马来树胶	0.96～0.99	玻璃	2.5～2.7
干土	1.0～2.0	大理石	2.5～2.8
松香	1.07	云母	2.6～3.2
沥青	1.07～1.5	石英	2.65
茶	1.15	金刚石	3.4～3.6
赛璐璐	1.4	金刚砂	4.0
砖	1.4～2.2	磁铁	5.0
干砂	1.5	生铁	7.0

物质	密度	物质	密度
黏土	1.5～2.6	钢	7.8
石棉	1.5～2.6	黄铜（铜锌）	8.5
潮湿砂	1.8	青铜（铜锡）	8.8
硬橡胶	1.8		

附表 8-3 液体密度　　　　　　　　　　　　　　　　　g/cm³

液体	密度	液体	密度	液体	密度
汽油	0.70	植物油	0.9～0.93	盐酸（40%）	1.20
乙醚	0.71	橄榄油	0.92	无水甘油	1.26
石油	0.76	鱼肝油	0.945	二硫化碳	1.29
酒精	0.79	蓖麻油	0.97	蜂蜜	1.40
木精	0.80	纯水（4 ℃）	1.00	硝酸（91%）	1.50
煤油	0.80	海水	1.03	硫酸（87%）	1.80
松节油	0.855	牛奶	1.03	溴	3.12
苯	0.88	醋酸	1.049	水银	13.6
矿油	0.9～0.93	人血	1.054		

参考文献

[1] 袁广宇，朱德权，丁智勇，等. 大学物理实验. 一级 [M]. 合肥：中国科技大学出版社，2009.

[2] 吴晓立，杨仕君，朱宏娜，等. 大学物理实验教程 [M]. 成都：西南交通大学出版社，2007.

[3] 曾仲宁，王秀力. 大学物理实验 [M]. 北京：中国铁道出版社，2002.

[4] 陈玉林，李传起. 大学物理实验 [M]. 北京：科学出版社，2007.

[5] 贾小兵，杨茂田，殷洁，等. 大学物理实验教程 [M]. 北京：人民邮电出版社，2007.

[6] 吴锋，王若田. 大学物理实验教程 [M]. 北京：化学工业出版社，2003.

[7] 王兴乃，罗栋国. 高中物理实验大全（第一册）[M]. 北京：电子工业出版社，1989.

[8] 王兴乃，罗栋国. 高中物理实验大全（第二册）[M]. 北京：电子工业出版社，1989.

[9] 黄祝明，吴锋. 大学物理学（上册）[M]. 北京：化学工业出版社，2002.

[10] 吴百诗. 大学物理学（上册）[M]. 西安：西安交通大学出版社，1994.

[11] 陆果. 基础物理学教程（上卷）[M]. 北京：高等教育出版社，1998.

[12] 程衍富. 大学物理实验教程 [M]. 北京：科学出版社，2007.

[13] 张大明. 中学物理实验指导 [M]. 北京：金盾出版社，1992.

[14] 张共宁. 大学物理实验指导与报告 [M]. 北京：科学出版社，2008.

[15] 肖苏. 基础物理实验 [M]. 合肥：中国科学技术大学出版社，2009.

[16] 叶有祥. 新编物理实验教程（下册）[M]. 北京：科学出版社，2009.

[17] 王家慧，张连娣. 大学物理实验教程 [M]. 北京：机械工业出版社，2010.

[18] 彭庶修，朱华. 大学物理实验教程 [M]. 北京：国防工业出版社，2006.

[19] 金清理，黄晓虹. 基础物理实验 [M]. 杭州：浙江大学出版社，2007.

[20] 樊爱琼，黎旦. 基础物理 [M]. 桂林：广西师范大学出版社，2011.

[21] 姜玉兰，谢利. 研究长直电流周围磁场的实验 [J]. 物理实验. 1984，2（1）.

[22] 潘洪媚. 大班环境下预科物理实验教学存在的问题与对策 [J]. 南宁：广西民族大学学报（自然科学版）. 2013（2）.

[23] 高等学校物理基础课程教学指导分委员会. 理工科类大学物理实验课程教学基本要求（2010 年版）.

[24] 简谐振动与圆周运动等效 [EB/OL]. http://www.doc88.com/p-771863185455.html，2014-07-16.

［25］XianXianjajac. 测量电容量［EB/OL］. http：//www. doc88. com/p-467112222211. html.

［26］［英］Gordon Fraser. 21 世纪新物理学［M］. 秦克诚主译. 北京：科学出版社，2014.

［27］追忆"中国居里夫人"吴健雄永远的爱国情怀. 太仓新闻网［EB/OL］. http：//www. tc. chinanews. com/1/2012/0601/31219. html.

［28］吴健雄——美籍华裔女物理学家［EB/OL］. http：//baike. haosou. com/doc/2219395-2348342. html.

［29］核物理女王吴健雄的美丽科学人生. 中国青年网［EB/OL］. http：//qclz. youth. cn/wujx/wdld/201211/t20121119 _ 2629446. htm.

［30］LED 光源［EB/OL］. 好搜百科：http：//baike. haosou. com/doc/6732817-6947142. html.

［31］武毅. 绿色光源——LED［J］. 灯与照明. 2006. 6.

［32］朱遥，诸葛琼. 蓝色激光器的原理与发展［J］. 记录媒体技术. 2007. 3.

［33］LED 发展简史［EB/OL］. 新浪网：http：//news. sina. com. cn/w/p/2014-10-07/184630954106. shtml.

［34］高崇寿，谢柏青. 今日物理［M］. 北京：高等教育出版社. 2004.

［35］光纤通信系统的组成与工作原理［EB/OL］. http：//wenku. baidu. com/view/f79c5671a417866fb84a8eb0. html.

［36］中国高速铁路发展概况［EB/OL］. http：//news. 163. com/10/0728/16/6CMMK875000146BC. html.

［37］高速铁路技术［EB/OL］. http：//www. docin. com/p-791138920. html.

［38］3d 打印机［EB/OL］. http：//baike. haosou. com/doc/5332391-5567757. html.

［39］3D 打印机原理揭秘，了解最为神奇的 3D 打印机原理［EB/OL］. http：//www. expreview. com/24128. html.

［40］详解 3D 打印机工作原理［EB/OL］. http：//www. 21ic. com/wyzt/201209/142821. htm.

［41］科学家称发现银河系深处暗物质存在证据［EB/OL］. http：//www. weather. com. cn/science/2015/02/sciencenews/2274860. shtml.

［42］研究称暗物质或为物种大灭绝"元凶"［EB/OL］. http：//news. youth. cn/kj/index/201502/t20150224 _ 6489716. htm.

［43］暗物质存在形式［EB/OL］. http：//baike. baidu. com/view/2007814. htm.

［44］暗物质粒子［EB/OL］. http：//baike. haosou. com/doc/1885553-1994921. html.

［45］肖飞. 暗物质的观测证据［J］. 湖北第二师范学院学报，2009（8）.